棉花抗逆性鉴定技术与标准

郑曙峰　王延琴　彭　军 等　著

中国农业出版社
农村设物出版社
北　京

《棉花抗逆性鉴定技术与标准》

著　者　名　单

著　者：郑曙峰　安徽省农业科学院棉花研究所
王延琴　中国农业科学院棉花研究所
彭　军　中国农业科学院棉花研究所
徐道青　安徽省农业科学院棉花研究所
周　阳　全国农业技术推广服务中心
田立文　新疆农业科学院经济作物研究所
阚画春　安徽省农业科学院棉花研究所
马　磊　中国农业科学院棉花研究所
陆许可　中国农业科学院棉花研究所
王　维　安徽省农业科学院棉花研究所
匡　猛　中国农业科学院棉花研究所
周关印　中国农业科学院棉花研究所
刘小玲　安徽省农业科学院棉花研究所
杨代刚　中国农业科学院棉花研究所
王俊娟　中国农业科学院棉花研究所
艾先涛　新疆农业科学院经济作物研究所
方　丹　中国农业科学院棉花研究所
徐双娇　中国农业科学院棉花研究所
蔡忠民　中国农业科学院棉花研究所
金云倩　中国农业科学院棉花研究所
唐淑荣　中国农业科学院棉花研究所
周大云　中国农业科学院棉花研究所
孟俊婷　中国农业科学院棉花研究所
韦京艳　中国农业科学院棉花研究所
黄龙雨　中国农业科学院棉花研究所
吴玉珍　中国农业科学院棉花研究所
陈　敏　安徽省农业科学院棉花研究所
李淑英　安徽省农业科学院棉花研究所

前　言

逆境是作物生产的主要限制因素。逆境可以限制作物的分布，降低作物的产量和品质，甚至造成绝收。棉花是我国的主要经济作物，分布区域广，生产周期长，受逆境胁迫影响大，每年都会因此而减产。

本书主要概述了棉花干旱、渍涝、盐碱、高温热害和低温冻害冷害5种常发易发非生物逆境（生态逆境）抗逆性鉴定的原理与技术，解读了《棉花抗旱性鉴定技术规程》（NY/T 3534—2020）、《棉花耐渍涝性鉴定技术规程》（NY/T 3567—2020）、《棉花耐盐性鉴定技术规程》（NY/T 3535—2020）3项农业行业标准和《棉花耐冷性和耐热性鉴定技术规程》（DB34/T 3926—2021）1项省级地方标准。此外，介绍了由本书著者研发的"棉花抗逆性鉴定管理信息系统V1.0"，便于同行和读者更便捷高效地使用。

本书还介绍了棉花药害、肥害、旱灾、渍涝、台风、雹灾、低温冷害、高温热害等抗逆减灾实用技术。并以新疆棉区为例，系统介绍了棉花全生长期霜冻（春霜冻、秋霜冻）、倒春寒（4～5月）、风灾（4～5月）、苗期低温冷害、苗期热害、夏季高温、干旱（3～4月春旱、6～7月夏旱、秋枯）、干热风等逆境的应对技术。

本书具有一定的先进性和实用性，可供从事农业科研、农业技术推广的同行和棉花从业人员参考使用，也可供涉农院校有关专业师生阅读。

由于水平有限，书中难免有不妥之处，敬请各位同行和广大读者批评指正。在标准起草和本书撰写过程中，参考了大量近年来公开发表的相关文献。在此，一并对标准起草人和相关文献的作者表示衷心的感谢，如有疏漏，敬请相关同行予以谅解。

著　者

2022年10月

目　　录

第一章　作物抗逆性的概念、原理和技术概述

1.1　逆境与抗逆性的概念

逆境是作物生产的主要限制因素，逆境可以限制作物的分布，降低作物的产量和品质，甚至造成绝收。

广义上，超出作物生存与发育适宜临界范围的环境因素统称为逆境（adversity）。根据环境因素的不同，可将逆境分为生物逆境（biotic adversity）、非生物逆境（abiotic adversity）或生态逆境（ecological adversity）、人为逆境（man - made adversity）和复合逆境（compound adversity）（图 1 - 1）。狭义上，作物生产上所称的逆境一般指非生物逆境或生态逆境，主要有干旱、渍涝、盐碱、高温和低温等，本书主要围绕这 5 种逆境来展开论述。

也有学者把农业逆境分为大气逆境、土壤逆境、水分逆境、营养逆境和光逆境。笔者认为，从作物生产来看，分为光逆境、温逆境、水逆境、土逆境（包括土壤盐碱化、重金属超标、土壤结构过松或过紧、土壤污染、土壤渗透压过高、养分不足或失调）等比较便于研究，也比较实用。

逆境对作物的作用称为环境胁迫（environmental stress）。作物受到胁迫后产生的相应变化称为胁变（strain），这种变化可以表现为物理变化（如原生质流动的变慢或停止、叶片的萎蔫）和生理生化变化（代谢的变化）两个方面。胁变的程度有大有小，程度小而解除胁迫后又能恢复原状的胁变称为弹性胁变（elastic strain），程度大而解除胁迫后不能恢复原状的胁变称为塑性胁变（plastic strain）。

当胁迫因子作用于作物时，胁迫因子能以不同的方式使作物受害。首先直接使生物膜受害，导致透性改变，这种伤害称为原初直接伤害。质膜受伤后，即进一步导致作物代谢作用的失调，影响正常的生长发育，此种伤害称为原初间接伤害。一些胁迫因子往往还可以产生次生胁迫伤害，即

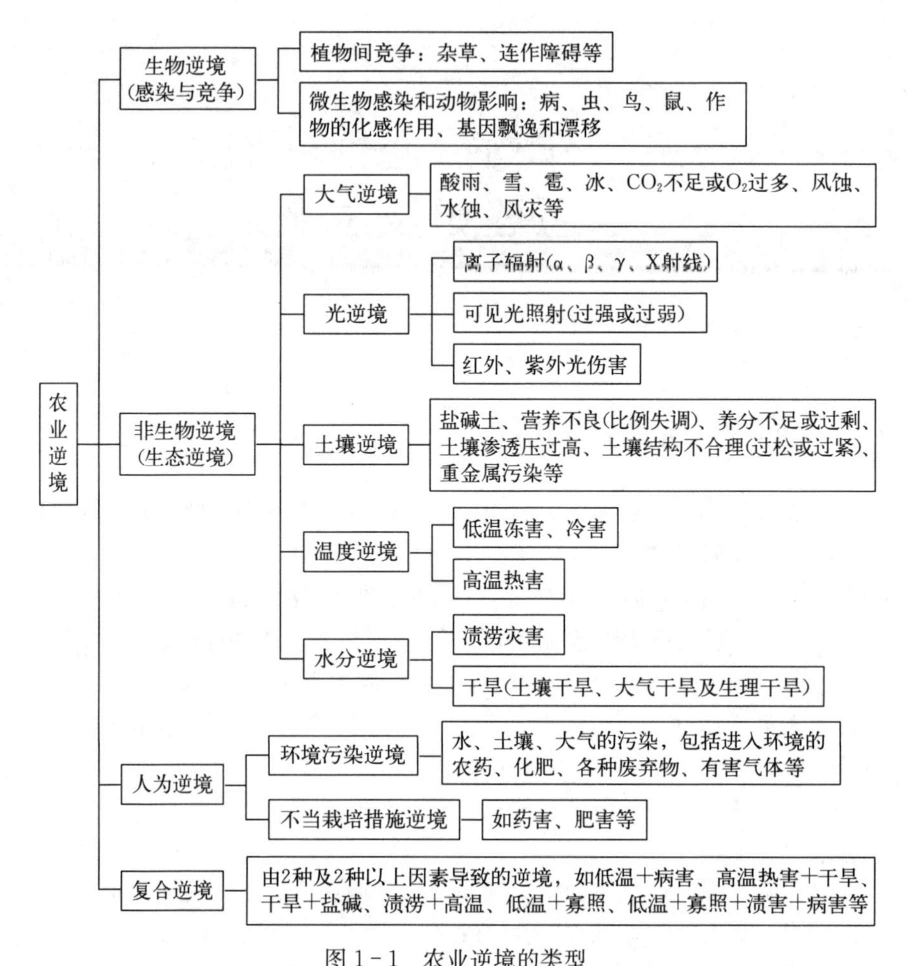

图 1-1　农业逆境的类型

注：郑曙峰根据 Levitt（1980）、魏湜（2011）等文献总结整理。

不是胁迫因子本身的作用，而是由它引起的次生胁迫造成的伤害。例如，盐分胁迫的原初胁迫是盐分本身对作物细胞质膜的伤害及其导致的代谢失调；另外，由于盐分过多，使土壤水势下降，产生水分胁迫，使作物根系吸水困难，这种伤害称为次生伤害。

作物长期生活在某种逆境条件下，就会对该逆境逐渐产生相应的适应性和抵抗能力。作物这种对逆境的适应性和抵抗能力称为作物的抗逆性（stress resistance），简称抗性。任何作物的抗逆性都不是突然形成的，是通过作物自然选择逐步适应和长期人工选择的结果。作物对逆境逐步适应的过程叫做锻炼或驯化（acclimation）。

作物的抗逆性主要包括两个方面，即避逆性（stress avoidance）和耐逆性（stress tolerance）。

避逆性指作物从空间上和时间上躲避不良环境的能力。环境胁迫和它们所要作用的作物之间在时间或空间上设置某种障碍，从而使作物完全或部分避开不良环境的胁迫。例如，夏季生长的作物不会遇到结冰的天气，沙漠中的作物只在雨季生长等。

耐逆性指生物体承受了全部或部分不良环境胁迫的作用，但没有或只引起相对较小的伤害，仍能保持正常的生理活动，如作物遇到干旱胁迫时，细胞内的渗透物质会增加，从而提高细胞抗性。耐逆性又包含避胁变性（strain avoidance）和耐胁变性（strain tolerance）。前者是减少单位胁迫所造成的胁变，分散胁迫的作用，如蛋白质合成加强、蛋白质分子间的键结合力加强和保护性物质增多等，使作物对逆境下的敏感性减弱；后者是忍受和恢复胁变的能力与途径，它又可分为胁变可逆性（strain reversibility）和胁变修复（strain repair）。胁变可逆性指逆境作用于作物体后作物产生一系列的生理变化，当环境胁迫解除后，各种生理功能迅速恢复正常。胁变修复指作物在逆境下通过自身代谢过程迅速修复被破坏的结构和功能。

概括起来，作物有 4 种抗逆形式，即避逆性、避胁变性、胁变可逆性和胁变修复（图 1－2）。

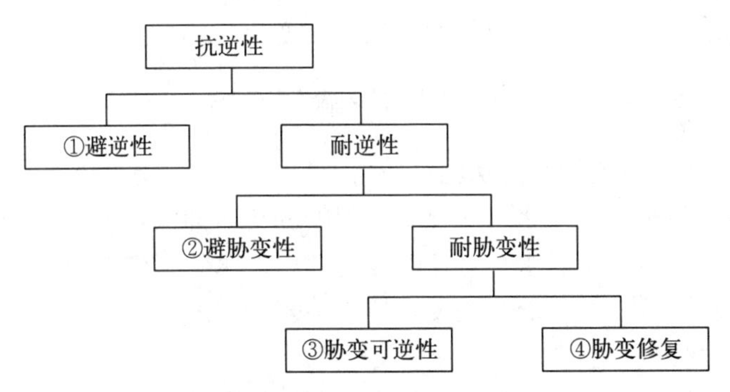

图 1－2　作物 4 种抗逆形式及其关系

（汤章城，1981）

值得注意的是，一种作物可能有多种抗逆形式，各抗逆形式是可变的，且相互间的界限也不明显。

Levitt（1980）把作物抗逆性简单地表达为抗性＝胁迫/胁变。可见，抗逆性取决于两个方面，即外界环境对作物施加的胁迫和作物对环境胁迫所作出的反应即胁变。同等环境胁迫作用下，胁变越小，抗逆性越大。胁变程度又取决于作物潜在的可塑能力或遗传潜力。胁变可发生在不同水平上，如植株整体、器官、组织、细胞和分子水平。

另外，作物抗逆性的大小与作物年龄和发育阶段也有一定的关系。例如，番茄和棉花在幼苗阶段耐盐性低，在孕蕾阶段耐盐性较高，到开花期则耐盐性又降低；水稻随着其发育而丧失对盐的敏感性，在孕穗期以后，其抗逆性开始增大。一般情况下，作物在生长盛期抗逆性比较小，进入休眠以后，则抗逆性增大；营养生长期抗逆性较强，开花期抗逆性较弱。

1.2 逆境胁迫对作物的影响

1.2.1 逆境胁迫对作物形态结构的影响

逆境条件下作物的形态有明显的变化。例如，干旱会导致叶片和嫩茎萎蔫，气孔开度减小甚至关闭；淹水使叶片黄化、枯干，根系褐变甚至腐烂；高温下叶片变褐，出现死斑，树皮开裂；病原菌侵染叶片出现病斑。

逆境对细胞膜结构的影响是多方面的，逆境胁迫不仅可以使细胞膜透性增大，导致大量电解质和非电解质外渗，膜脂组分发生改变。而且，还影响膜蛋白的组分及活性，进而影响作物的生理代谢。在一定的胁迫范围内，当解除环境胁迫时，上述影响是可逆的。但是，当原生质膜或液胞膜等膜系统损伤严重时，作物便丧失了对逆境的适应能力。

作物形态结构的变化与代谢和功能的变化是相一致的。

1.2.2 逆境胁迫对作物代谢的影响

1.2.2.1 作物体内的水分状况

作物在各种逆境下水分状况有相似的变化，即吸水能力降低、蒸腾量减少，且蒸腾量大于吸水量。这时作物体内的水势、渗透势、压力势和相对含水量均降低，气孔部分关闭，作物萎蔫。

1.2.2.2 光合作用

在各种逆境下，作物的光合作用强度会呈现不同程度的下降趋势。逆境导致光合作用下降的原因很多。例如，在高温胁迫下，作物光合作用的下降可能与酶的活性下降甚至变性失活有关，也可能与脱水时气孔关闭、气体扩散阻力增加有关。

1.2.2.3 呼吸作用

逆境胁迫会导致作物呼吸作用发生变化，这种变化与逆境胁迫的强度及持续时间密切相关。逆境下作物的呼吸作用变化可分为 3 种类型：呼吸强度降低、呼吸强度先升高后降低和呼吸强度明显升高。低温、高温、盐渍和水分胁迫时，作物的呼吸强度都逐渐降低；冷害和干旱时，作物的呼吸强度先升高后降低；作物发生病害时，组织的呼吸强度显著增强，而且这种呼吸作用的增强与菌丝体呼吸无关。

1.2.2.4　作物体内的物质代谢

总的来说，在各种逆境胁迫下，作物体内的合成代谢减弱，分解代谢增强。例如，磷酸化酶和蛋白酶的水解活性提高，促进淀粉和蛋白质降解，使体内葡萄糖、蔗糖和可溶性氮增加。

1.2.3　逆境胁迫对作物生长发育和产量品质的影响

逆境胁迫对作物植株形态、细胞和亚细胞结构、生育进程、生理生化代谢和分子水平等各个方面的影响，最终都会影响产量和品质的形成。其基本原因在于，生长过程受到抑制和逆境对光合作用的影响，特别是在产量形成的敏感时期。

研究证明，玉米不同生育时期水分胁迫对产量的影响不同。苗期对水分胁迫的抵抗力较强，适当的水分胁迫可起到蹲苗和抗旱锻炼的作用，此时期胁迫对产量的影响较小；拔节期后干旱，玉米根系生长发育受阻，吸收表面积减小，对产量的影响较大；玉米雌穗小花分化期，水分胁迫严重阻碍小花分化发育、受精和籽粒灌浆；开花期玉米对水分胁迫最敏感，即使短期水分胁迫也会导致严重减产，穗粒数受影响最大；灌浆期水分胁迫则明显降低粒重。开花期水分胁迫严重减产的原因，一般认为是水分胁迫影响花原始体发育，造成卵细胞败育和花期不遇，破坏授粉和受精，造成穗粒数减少。

1.3　作物对逆境胁迫的响应机理

1.3.1　生长发育调节

作物在逆境下通过调节自身的生长发育来适应外界环境的变化。例如，在干旱胁迫下，作物往往通过降低叶片的生长速率或脱落老叶等途径来减少总叶面积，从而有效地降低蒸腾失水。逆境胁迫还影响根的长度、根的数量和根系分布，作物通过改变根冠比例等以改善植株的水分平衡及营养利用。逆境胁迫还可促使作物提早开花和结籽，通过加快发育进程来尽快渡过难关，以保证繁衍后代。

1.3.2　作物内源激素调节

作物对逆境的适应是受遗传特性和植物激素两种因素制约的。逆境能够促使作物体内激素的含量和活性发生变化，并通过这些变化来影响生理过程。

1.3.2.1 脱落酸（ABA）

ABA 是一种胁迫激素，它在植物激素调节作物对逆境的适应中显得最为重要。ABA 主要通过关闭气孔、保持组织内的水分平衡、增强根的透性、提高水的通导性等来增加作物的抗性。在低温、高温、干旱和盐害等多种胁迫下，体内 ABA 含量大幅度升高，这种现象的产生是由于逆境胁迫增加了叶绿体膜对 ABA 的通透性，并加快根系合成的 ABA 向叶片运输及积累所致。

1.3.2.2 细胞分裂素（CTK）

CTK 在作物抗逆中发挥着独特的作用，它可直接或间接地清除自由基，提高 SOD、CAT 等酶的活性，减少脂质过氧化作用和 MDA 的积累。CTK 在作物多种胁迫中起到从根到冠的信息介质的作用。盐胁迫、水分亏缺、温度逆境均使 CTK 含量发生变化。蒸腾流中 CTK 浓度的降低，是作物适应干旱、水涝、营养亏乏、盐渍和低温冷害等逆境的一种反应。CTK 在根中合成，当根际环境紊乱，如水分亏缺时，根中 CTK 合成和运输的量减少，而叶中 ABA 含量增加，叶片感受到信号而气孔关闭。外施 CTK 可以提高作物的可逆性，如外施 CTK 可使作物叶片气孔关闭发生逆转，可促进冷害后的水稻幼苗生长，还可提高淹水后小麦的抗涝能力。

1.3.2.3 乙烯与其他激素

作物在干旱、大气污染、机械刺激、化学胁迫、病害等逆境下，体内乙烯成几倍或几十倍增加，当胁迫解除时，则恢复正常水平，组织一旦死亡，乙烯就停止产生。在逆境下乙烯的产生可使作物克服或减轻因环境胁迫所带来的伤害，促进器官衰老，引起枝叶脱落，减少蒸腾面积，有利于保持水分平衡。当叶片缺水时，内源赤霉素活性迅速下降，赤霉素含量的降低先于 ABA 含量的上升。这是由于赤霉素和 ABA 的合成前体相同的缘故。

抗冷性强的作物体内赤霉素的含量一般低于抗冷性弱的作物，外施赤霉素（1 000 mg/L）能显著降低某些作物的抗冷性。当叶片缺水时，叶内 ABA 含量的增加和 CTK 含量的减少，降低了气孔导度和蒸腾速率。

1.3.3 代谢调节

在逆境下，作物可以通过改变其代谢途径来提高抗逆性。逆境胁迫能显著影响作物体内的碳代谢途径，使作物的 C_3 光合作用途径向 C_4 或景天酸代谢（CAM）光合作用途径转变，也有 C_4 光合作用途径向 CAM 光合作用途径转变的例子。CAM 作物在夜间气孔开放进行 CO_2 的吸收和固定，白天气孔关闭减少蒸腾失水，这是作物对干旱环境的一种适应。在盐生的松叶菊属植物中发现，盐胁迫可以诱导磷酸烯醇式丙酮酸羧化酶（PEPC）产生，这是碳同化由 C_3 途径转为 CAM 途径的重要生理生化标志，也是盐胁迫引起气孔关闭后作物得以维持碳同化继续运行的适应性表现。还有研究发现，早秋的杨树枝条 6-磷酸葡萄糖代谢转变为磷酸戊糖循环；而到早春时，又恢复到 6-磷酸葡萄糖代谢。这种磷酸戊糖循环为许多重要的细胞生理生化反应提供各种反应底物和能量，使作物对逆境具有更强的适应能力。

1.3.4　渗透调节

1.3.4.1　渗透调节的概念

多种逆境都会对作物产生水分胁迫。水分胁迫时，作物体内积累各种有机和无机物质，以提高细胞液浓度，降低其渗透势，这样作物就可保持其体内水分，适应水分胁迫环境。这种由于提高细胞液浓度、降低渗透势而表现出的调节作用称为渗透调节（osmoregulation 或 osmotic adjustment）。渗透调节是在细胞水平上进行的，作物通过渗透调节可完全或部分维护由膨压直接控制的膜运输和细胞膜的电性质等，且渗透调节在维持气孔开放和一定的光合速率及保持细胞继续生长等方面都具有重要意义。

1.3.4.2　渗透调节物质

参与渗透调节的可溶性物质称为渗透调节物质。渗透调节物质分为两大类：一类是从外界环境进入细胞内的无机离子，如作物中的 K^+ 和 Cl^-；另一类是细胞内的有机溶质，主要是多元醇和偶极含氮化合物，如可溶性糖、糖醇、游离氨基酸以及甜菜碱等。有机的渗透调节物质具有如下一些特征：分子质量小、易溶于水；在生理 pH 范围内不带净电荷；不易透过细胞膜；引起酶结构变化作用最小；合成迅速并累积至足以引起渗透调节的量。脯氨酸和甜菜碱都是理想的有机渗透调节物质，都分布在细胞质内，所以也称为细胞质渗透调节物质。

以上两类渗透调节物质相互补充、相互联系，在作物渗透调节中都起着重要的作用。

（1）无机离子（inorganic ion）。逆境下细胞内常常累积无机离子以调节渗透势，特别是盐生作物主要靠细胞内无机离子的累积来进行渗透调节。作物对无机离子的吸收是一个主动过程，故细胞中无机离子浓度可大大超过外界介质中的浓度。在小麦和燕麦中发现，这种吸收和积累与 ATP 酶的活性有关。无机离子进入细胞后，主要积累在液泡中，成为液泡的重要渗透调节物质。

(2) 氨基酸(amino acids)。氨基酸是最重要和有效的有机渗透调节物质。几乎所有的逆境,如干旱、低温、高温、冷冻、盐渍、低 pH、营养不良、病害、大气污染等都会造成作物体内氨基酸的积累,尤其干旱胁迫时氨基酸积累最多,可比胁迫处理开始时的含量高几十倍甚至几百倍。

氨基酸在作物抗逆境中所起的作用有两个:一是作为渗透调节物质,用来保持原生质与环境的渗透平衡。它可与胞内一些化合物形成聚合物,类似亲水胶体,以防止水分散失。二是保持膜结构的完整性。氨基酸与蛋白质相互作用能增加蛋白质的可溶性和减少可溶性蛋白质的沉淀,增强蛋白质的水合作用。

(3) 甜菜碱(betaines)。甜菜碱是细胞质渗透物质。作物在干旱、盐渍条件下会产生甜菜碱的积累,主要分布于细胞质中。在正常植株中,甜菜碱含量比脯氨酸高 10 倍左右;当水分亏缺时,甜菜碱积累比脯氨酸慢;当解除水分胁迫时,甜菜碱的降解也比脯氨酸慢。

(4) 可溶性糖(soluble sugar)。可溶性糖是另一类渗透调节物质,包括蔗糖、葡萄糖、果糖、半乳糖等。低温逆境下作物体内常常积累大量的可溶性糖。

在生产实践中,也可用外施渗透调节物质的方法来提高作物的抗性。

1.3.5 膜保护物质与活性氧平衡

1.3.5.1 逆境下膜的变化

生物膜的透性对逆境的反应是比较敏感的,如在干旱、冷冻、低温、高温、盐渍、SO_2 污染和病害发生时,质膜透性都增大,内膜系统出现膨胀、收缩或破损。

在正常条件下,生物膜的膜脂呈液晶态,当温度下降到一定程度时,膜脂变为晶态。膜脂相变会导致原生质流动停止,透性加大。膜脂碳链越长,固化温度越高,相同长度的碳链不饱和键数越多,固化温度越低。

膜脂不饱和脂肪酸越多,固化温度越低,抗冷性越强。饱和脂肪酸与抗旱力密切有关。抗旱性强的小麦品种在灌浆期如遇干旱,其叶表皮细胞的饱和脂肪酸较多,而不抗旱的小麦品种则较少。

此外,膜脂饱和脂肪酸含量还与叶片抗脱水力和根系吸水力密切相关。膜脂不饱和脂肪酸直接增大膜的流动性,提高抗冷性,同时也直接影响膜结合酶的活性。

1.3.5.2　活性氧平衡

在正常情况下，细胞内活性氧的产生和清除处于动态平衡状态，活性氧水平很低，不会伤害细胞。

可是，当作物受到胁迫时，活性氧累积过多，平衡就被打破。活性氧伤害细胞的机理在于活性氧导致膜脂过氧化，SOD 和其他保护酶活性下降，同时还产生较多的膜脂过氧化产物，膜的完整性被破坏。此外，活性氧积累过多，也会使膜脂产生脱酯化作用，磷脂游离，膜结构破坏。

膜系统的破坏会引起一系列的生理生化紊乱，再加上活性氧对一些生物功能分子的直接破坏，这样作物就可能受伤害。如果胁迫强度增大或胁迫时间延长，作物就有可能死亡。

多种逆境如干旱、大气污染、低温胁迫等都有可能降低 SOD 等酶的活性，从而使活性氧平衡被打破。在干旱胁迫下，不同抗旱性小麦叶片中 SOD、CAT、POD 活性与膜透性、膜脂过氧化水平之间都存在着负相关。一些植物生长调节剂和人工合成的活性氧清除剂在胁迫下也有提高保护酶活性、对膜系统起保护作用的效果。

1.3.6　逆境蛋白

多种逆境如高温、低温、干旱、病原菌、化学物质、缺氧、紫外线等能诱导形成新的蛋白质（或酶），这些蛋白质统称为逆境蛋白（stress protein）。

1.3.6.1　热休克蛋白（heat shock protein）

热击处理诱导热休克蛋白形成的所需温度因作物种类而有差异。当然，热击温度也会因不同处理方式而有所变化。由高温诱导合成的热休克蛋白（又叫热击蛋白）现象广泛存在于植物界，已发现在大麦、小麦、谷子、大豆、油菜、胡萝卜、番茄以及棉花、烟草等作物中都有热休克蛋白。

凯（J. L. Key）等认为，豌豆 37 ℃、胡萝卜 38 ℃、番茄 39 ℃、棉花 40 ℃、大豆 41 ℃、谷子 46 ℃均为比较适合的诱导温度。

1.3.6.2　低温诱导蛋白（low - temperature - induced protein）

不但高温处理可诱导新的蛋白合成，低温下也会形成新的蛋白，称为冷响应蛋白（cold responsive protein）或冷击蛋白（cold shock protein）。

1.3.6.3　病原相关蛋白（pathogenesis - related protein）

病原相关蛋白也称为病程相关蛋白，这是作物被病原菌感染后形成的与抗病性有关的一类蛋白。自从在烟草中首次发现以来，有 20 多种植物中发现了病原相关蛋白的存在。

1.3.6.4　盐逆境蛋白（salt stress protein）

作物在受到盐胁迫时会新形成一些蛋白质或使某些蛋白合成增强，称为盐逆境蛋白。

自1983年以来，已从几十种作物中测出盐逆境蛋白。在向烟草悬浮培养细胞的培养基中逐代加氯化钠的情况下，可获得盐适应细胞，这些细胞能合成盐逆境蛋白。

1.3.6.5 其他逆境蛋白

厌氧蛋白（anaerobic protein）：缺氧使玉米幼苗需氧蛋白合成受阻，而一些厌氧蛋白质被重新合成。大豆中也有类似结果。特别是与糖酵解和无氧呼吸有关的酶蛋白合成显著增加。

紫外线诱导蛋白（UV－induced protein）：紫外线照射可诱导苯丙氨酸解氨酶、4－香豆酸CoA连接酶等酶蛋白的重新合成，因而促进了可吸收紫外线辐射、减轻作物伤害的类黄酮色素的积累。

干旱逆境蛋白（drought stress protein）：作物在干旱胁迫下可产生逆境蛋白。用聚乙二醇（PEG）设置渗透胁迫处理，可诱导高粱、冬小麦等合成新的多肽。

化学试剂诱导蛋白（chemical－induced protein）：多种多样的化学试剂（如ABA、乙烯等植物激素，水杨酸、聚丙烯酸、亚砷酸盐等化合物，亚致死剂量的百草枯等农药，镉、银等金属离子）都可诱导新的蛋白合成。

由此可见，无论是物理的、化学的因子，还是生物的因子在一定的情况下都有可能在作物体内诱导出某种逆境蛋白。

1.3.7 作物的交叉适应

作物对各种逆境胁迫的适应性常常是相互关联的，在经历了某种逆境后，能提高对另一些逆境的抵抗能力，这种对不良环境之间的相互适应作用，称为交叉适应（cross adaption）。Levitt认为，低温、高温等8种刺激都可提高作物对水分胁迫的抵抗力。

缺水、缺肥、盐渍等处理可提高烟草对低温和缺氧的抵抗能力；干旱或盐处理可提高水稻幼苗的抗冷性；低温处理能提高水稻幼苗的抗旱性；外源ABA、重金属及脱水可引起玉米幼苗耐热性的增加；冷驯化和干旱则可增加冬黑麦和白菜的抗冻性。

这些交叉适应或交叉忍耐（cross－tolerances）往往包括了多种保护酶的参与。多种逆境条件下作物体内的ABA、乙烯含量会增加，从而提高对多种逆境的抵抗能力。逆境蛋白的产生也是交叉适应的表现。一种刺激（逆境）可使作物产生多种逆境蛋白。

1.3.8　作物体内的逆境信息传递机制

逆境信号首先被作物细胞质膜上的受体感知，并被传递产生第二信使，如 Ca^{2+}、ROS 和 IP_3，Ca^{2+} 的浓度变化被钙结合蛋白所感受，启动下游的磷酸化级联反应，激活转录因子，从而诱导逆境响应基因的表达。这些逆境基因的产物，即逆境蛋白帮助作物适应和抵御不良的外界环境。

1.4　作物的抗旱性

1.4.1　基本概念

当作物蒸腾消耗的水分大于吸收的水分时，作物体内出现水分亏缺现象，称为干旱（drought）。干旱对作物最直观的影响是造成幼叶、幼茎的萎蔫。旱害则是指土壤水分缺乏或大气相对湿度过低对作物的危害。旱害的本质是由原生质脱水带来的一系列生理生化影响，严重时导致植株死亡。作物抵抗旱害的能力称为抗旱性（drought resistance）。

在干旱环境的胁迫下，作物生物量有着明显的变化。干旱导致作物的叶片水分和营养供给不足，作物生物量向根部聚集，使得根的数量和长度均明显增加。研究表明，面对干旱胁迫时，抗旱作物的各种生物量会“智能”地优先向根部和茎部分配，而非抗旱作物则不具备这种“功效”，非抗旱作物的分配机制不是很明显，没有明确的智能调配机制。且抗旱作物根系庞大而繁多，叶片小而干瘪，发达的根系吸水能力强，稀疏的叶片蒸发能力弱，这也是抗旱作物能在干旱地存活下来的原因。

根据引起水分亏缺的原因，可将干旱分为 3 种类型。

（1）大气干旱。大气干旱指空气过度干燥、相对湿度过低（10%～20%），常伴随高温和干风。这时作物蒸腾过强，根系吸水补偿不了失水，从而受到危害。我国西北、华北地区常有大气干旱发生。

（2）土壤干旱。当土壤中缺乏可被作物吸收利用的水分时，根系吸水困难，作物体内水分平衡遭到破坏，致使作物生长缓慢或完全停止生长的现象，称为土壤干旱。其受害情况比大气干旱严重。大气干旱如持续时间过长将导致土壤干旱，因此这两种干旱常同时发生。

（3）生理干旱。土壤水分并不缺乏，只是因为土壤温度过低、土壤溶液浓度过高或积累有毒物质等原因，导致根系正常的生理活动受到阻碍而使土壤中的水分不能被根系吸收，造成作物体内水分平衡失调，从而使作物受到干旱危害。例如，土壤盐碱化、土壤施化肥过多、土壤存在有毒物质以及土壤温度过低等都可能导致生理干旱。

在自然条件下，干旱常常伴随着高温。所以，干旱的伤害可能包括脱水伤害和高温热害。

根据植物对水分的需求，分为3种生态类型：需在水中完成生活史的植物叫水生植物（hydrophytes）；在陆生植物中适应于不干不湿环境的植物叫中生植物（mesophytes）；适应于干旱环境的植物叫旱生植物（xerophytes）。旱生植物对干旱的适应和抵抗能力、方式有所不同，大体有两种类型。避旱型植物：这类植物有一系列防止水分散失的结构和代谢功能，或具有膨大的根系用来维持正常的吸水，如仙人掌；耐旱型植物：这些植物具有细胞体积小、渗透势低和束缚水含量高等特点，可忍耐干旱逆境。植物的耐旱能力主要表现在其对细胞渗透势的调节能力上。在干旱时，细胞可通过增加可溶性物质来改变其渗透势，从而避免脱水。

1.4.2 干旱伤害作物的机理

干旱对植株最直观的影响是引起叶片、幼茎的萎蔫。萎蔫可分为暂时萎蔫和永久萎蔫，两者根本差别在于前者只是叶肉细胞临时水分失调，而后者原生质发生了脱水。原生质脱水是旱害的核心，由此可带来一系列生理生化变化并危及作物的生命。

1.4.2.1 改变膜的结构及透性

当作物细胞失水时，原生质膜的透性增加，大量的无机离子和氨基酸、可溶性糖等小分子被动向组织外渗漏。细胞溶质渗漏的原因是脱水破坏了原生质膜脂类双分子层的排列所致。而干旱使得细胞严重脱水，膜脂分子结构即发生紊乱，膜因而收缩出现空隙和龟裂，引起膜透性改变。

1.4.2.2 破坏正常代谢过程

(1) 对光合作用的影响。水分不足使光合作用显著下降，直至趋于停止。原因主要有：水分亏缺后造成气孔关闭，CO_2 扩散的阻力增加；叶绿体片层膜体系结构改变，光系统Ⅱ活性减弱甚至丧失，光合磷酸化解偶联；叶绿素合成速度减慢，光合酶活性降低；水解加强，糖类积累等。

(2) 对呼吸作用的影响。干旱对呼吸作用的影响较复杂，一般呼吸速率随水势的下降而缓慢降低。有时水分亏缺会使呼吸短时间上升，而后下降，这是因为开始时呼吸基质增多的缘故。若缺水时，淀粉酶活性增加，使淀粉水解为糖，可暂时增加呼吸基质。但当水分亏缺严重时，呼吸又会大大降低。如马铃薯叶的水势下降至－1.4 MPa 时，呼吸速率可下降30%左右。

(3) 蛋白质分解，脯氨酸积累。干旱时作物体内的蛋白质分解加速，合成减少，这与蛋白质合成酶的钝化和能源（ATP）的减少有关。与蛋白质分解相联系的是，干旱时作物体内游离氨基酸特别是脯氨酸含量增加，可增加数十倍甚至上百倍之多。因此，脯氨酸含量常用作抗旱的生理指标，也可用于鉴定作物遭受干旱的程度。

（4）破坏核酸代谢。随着细胞脱水，其 DNA 和 RNA 含量减少。主要原因是干旱促使 RNA 酶活性增强，使 RNA 分解加快，而 DNA 和 RNA 的合成代谢则减弱。因此，有人认为，干旱之所以引起作物衰老甚至死亡，是同核酸代谢受到破坏有直接关系的。

（5）激素的变化。干旱时细胞分裂素含量降低，脱落酸含量增加，这两种激素对 RNA 酶活性有相反的效应，前者降低 RNA 酶活性，后者提高 RNA 酶活性。脱落酸含量增加还与干旱时气孔关闭、蒸腾强度下降直接相关。干旱时乙烯含量也提高，从而加快作物部分器官的脱落。

（6）水分的分配异常。干旱时作物组织间按水势大小竞争水分。一般幼叶向老叶吸水，促使老叶枯萎死亡。有些蒸腾强烈的幼叶向分生组织和其他幼嫩组织夺水，影响这些组织的物质运输。例如，禾谷类作物穗分化时遇旱，则小穗和小花数减少；灌浆时缺水，影响到物质运输和积累，籽粒就不饱满。对于其他作物，也常因此造成落花落果，影响产量。

1.4.2.3　机械性损伤

细胞干旱脱水时，液泡收缩，对原生质产生一种向内的拉力，使原生质与其相连的细胞壁同时向内收缩，在细胞壁上形成很多折叠，损伤原生质的结构。如果此时细胞骤然吸水复原，可引起细胞质、壁不协调膨胀把粘在细胞壁上的原生质撕破，导致细胞死亡。

1.4.3　抗旱性的机理及其提高途径

1.4.3.1　抗旱性的机理

（1）形态结构适应性变化。根系发达，伸入土层较深，能更有效地利用土壤水分。根冠比大可作为选择抗旱品种的形态指标。叶片细胞体积小，这可减少失水时细胞收缩产生的机械伤害。维管束发达，叶脉致密，单位面积气孔数目多。这不仅加强蒸腾作用和水分传导，而且有利于根系的吸水。有的作物品种在干旱时叶片卷成筒状，有的表面有蜡质等，以减少蒸腾损失。

（2）气孔调节。气孔调节指适应环境胁迫情况的气孔反应变化，也就是作物通过气孔的开关控制气体扩散速度，以解决作物受水分胁迫的问题。

（3）渗透调节。渗透调节指作物在环境胁迫下除失水被动浓缩外，通过代谢活动提高细胞内溶质浓度，降低水势，从而由外界水分减少的介质中继续吸水，维持一定的膨压。渗透调节能力因作物和品种而异，是作物抗旱的一种重要生理特性。

（4）脯氨酸变化。脯氨酸积累是作物干旱过程中蛋白质代谢的一个重要特性，脯氨酸积累有利于作物抗旱。

（5）激素变化。作物内源激素中，特别是 ABA 对抗旱性有较大影响。有研究表明，胁迫下 ABA 含量增加可诱导叶片气孔关闭，防止过度失水，也可增加根部的导水率。

1.4.3.2 提高作物抗旱性的途径

（1）工程措施。加强农田水利基本建设，做到旱能灌、涝能排。

（2）培育和筛选抗旱与耐旱作物品种。根据不同地区气候特点和生产条件，选用节水抗旱高产作物品种。

（3）抗旱锻炼。将作物处于一种致死量以下的干旱条件中，让作物经受干旱磨炼，可提高其对干旱的适应能力。蹲苗：玉米、棉花、烟草、大麦等广泛采用在苗期适当控制水分，抑制生长，以锻炼其适应干旱的能力。搁苗：蔬菜移栽前拔起让其适当萎蔫一段时间后再栽。饿苗：甘薯剪下的藤苗很少立即扦插，一般要放置阴凉处一段时间。

（4）化学诱导。用化学试剂处理种子或植株，可产生诱导作用，提高作物抗旱性。例如，用 0.25% $CaCl_2$ 溶液浸种 20 h，或用 0.05% $ZnSO_4$ 喷洒叶面，都有提高作物抗旱性的效果。

（5）生长延缓剂与抗蒸腾剂的使用。脱落酸可使气孔关闭，减少蒸腾失水。矮壮素、B_9 等能增加细胞的保水能力。合理使用抗蒸腾剂也可降低蒸腾失水。

（6）矿质营养。合理施肥可使作物抗旱性提高。磷、钾肥能促进根系生长，提高保水力。氮素过多对作物抗旱不利，凡是枝叶徒长的作物，蒸腾失水增多，易受旱害。一些微量元素（硼、铜）也有助于作物抗旱。

（7）节水抗旱耕作技术。干旱、半干旱地区推广一次深耕早施肥技术和高留茬深松免耕技术；提高整地质量，推广秸秆还田深耕、秸秆还田深松免耕技术。

（8）优化播种技术。提高播种质量，大力推广沟播、地膜覆盖及免耕播种技术，适时镇压，减少耕层跑墒。也可利用乳膜、泡沫、粉末覆盖剂、作物秸秆进行覆盖，还可应用新型土壤保水剂。

（9）推广应用节水抗旱灌溉技术。改土渠为防渗渠输水灌溉，应用管灌，发展微灌、膜下滴灌、喷灌技术。在水资源紧缺的条件下，应选择作物一生中对水最敏感、对产量影响最大的时期灌水。例如，禾本科作物拔节初期至抽穗期、灌浆期至乳熟期，大豆的花芽分化期至盛花期，灌水效益最大。

1.5　作物的耐渍涝性

1.5.1　基本概念

水分过多对作物的危害称为涝害（flood injury），作物对积水或土壤过湿的适应力和抵抗力称为作物的抗涝性（flood resistance）。涝害一般有两层含义，即渍害和涝害。

（1）渍害。渍害指土壤过湿、水分处于饱和状态，土壤含水量超过了田间最大持水量，根系生长在沼泽化的泥浆中，这种涝害叫渍害（water logging）。渍害虽不是典型的涝害，但本质上与涝害大体相同，对作物生产有很大影响。

（2）涝害。涝害指地面积水，淹没了作物的全部或一部分。在低湿、沼泽地带、河边以及在发生洪水或暴雨之后，常有涝害发生。涝害会使作物生长不良，甚至死亡。

1.5.2　渍涝伤害作物的机理

1.5.2.1　代谢紊乱

渍涝缺氧主要限制了有氧呼吸，促进了无氧呼吸，产生大量无氧呼吸产物，如乙醇、乳酸等，使代谢紊乱，受到毒害。无氧呼吸还使根系缺乏能量，阻碍矿质的正常吸收。

1.5.2.2　营养失调

渍涝缺氧使土壤中的好气性细菌（如氨化细菌、硝化细菌等）的正常生长活动受抑，影响矿质供应；相反，使土壤厌气性细菌，如丁酸细菌等活跃，会增加土壤溶液的酸度，降低其氧化还原势，使土壤内形成大量有害的还原性物质（如 H_2S、Fe^{2+}、Mn^{2+} 等），一些元素如锰、锌、铁也易被还原流失，引起植株营养缺乏。

1.5.2.3　乙烯增加或激素变化

在淹水条件下，作物体内乙烯（ETH）含量增加。高浓度的 ETH 引起叶片卷曲、偏上生长、脱落，茎膨大加粗，根系生长减慢，花瓣褪色等。

1.5.2.4　生长受抑

渍涝缺氧可降低作物的生长量。水稻种子淹没水中使芽鞘伸长，不长根，叶片黄化，必须通气后根才出现。

1.5.3 作物的抗涝性

同一作物不同生育期抗涝程度不同。在水稻一生中，以幼穗形成期到孕穗中期最易受水涝危害，其次是开花期，其他生育期受害较轻。

作物抗涝性强的特点：一是发达的通气系统，很多作物可以通过胞间隙把地上部吸收的氧输入根部或缺氧部位，发达的通气系统可增强作物对缺氧的耐力。据推算，水生作物的胞间隙约占植株总体积的70%，而陆生作物只占20%。二是提高耐缺氧能力。缺氧所引起的无氧呼吸使体内积累有毒物质，而耐缺氧的生化机理就是能消除有毒物质，或对有毒物质具忍耐力。

1.5.4 提高作物耐渍涝性的途径

1.5.4.1 工程措施

大力修建水利设施，完善田间排水体系是防御渍涝灾害的基础。把“三沟”配套作为抗灾的重点，不仅要及时排除地面积水，使地表水、潜层水和地下水都能及时排出，而且要及时降低地下水位，排除过多的土壤水。前者主要用于除涝，后者用于防渍，除涝防渍并举，才能取得最佳的保收效果。

1.5.4.2 农艺措施

（1）选育和选用耐渍涝作物和品种。根据渍涝灾害发生的季节和地域，选用耐渍涝作物和品种类型。在渍涝严重和易发地区种植水稻等作物。

（2）作物和品种结构适应性调整与优化配置。根据常年耐渍涝灾害发生规律，调整作物和品种的种植结构，优化配置。例如，根据天气条件合理安排播期和小麦品种。如果天气预报适播期有降水影响播种，此时可适当提前或推后数日进行小麦播种。如果由于秋雨影响，秋季作物收获较迟，在适播期前持续降水而无法整地，造成播期偏晚，此时就要选择弱春性或春性品种，以顺应播种期推迟的实际需要。同时，应抓住时机及时旋耕耙地，立即播种，适当加大播量，确保基本苗数。

（3）优化耕作制度。应避免水田与旱地交错种植，避免“旱包水”或“水包旱”；加深耕作层，消除犁底层；增施有机肥，改良土壤结构，增强土壤通透性，减少土壤中有毒物质。

（4）采用适宜的作物播种方式降湿防渍涝抗倒。玉米垄作条播和免耕平作条播，小麦、玉米免耕台田条播等适宜的播种技术均有利于减轻渍涝灾害影响。小麦深沟高畦种植，有利于降低地下水位，迅速排除地面积水。当渍涝灾害发生时，及时清沟沥水。平时要及时清理田内“三沟”和田外沟渠，做到既能及时排除地面积水又能迅速降低地下水位，以减少涝渍灾害影响。

(5) 补施肥料。作物遭受渍涝后田间养分流失严重，往往造成叶片营养元素亏缺（主要是氮、磷、钾），碳氮代谢失调，从而影响作物光合作用和干物质的积累、运输、分配，影响根系生长发育、根系活力和根群质量，导致植株生长缓慢、个体发育差、幼苗瘦弱，最终影响产量和品质。因此，在施足基肥（有机肥和磷、钾肥）的前提下，及时补施速效氮肥，以补偿氮素，延长绿叶面积持续期，增加叶片的光合速率，从而减轻涝渍灾害造成的损失。

(6) 喷施植物生长调节物质。在涝渍害逆境下，作物体内正常的激素平衡发生改变，乙烯和 ABA 增加，致使作物地上部衰老加速。因此，在发生渍涝灾害后，应适当喷施植物生长调节物质，以延缓衰老进程，减轻渍涝灾害。

(7) 及时中耕除草、防治病虫害。涝渍灾害容易导致草害严重发生，土壤板结。因此，应及时中耕除草，减轻涝渍危害。土壤深松可以打破犁底层，疏松土壤可增强土壤的蓄水能力和雨水渗透能力，提高土壤耐渍涝性。中耕还可以降低土壤含水量，增强土壤透气能力，防止作物根系长期处于厌氧状态，影响作物正常生长。深松还能提高土壤温度，促进作物生长发育。

涝渍还容易加重小麦白粉病、赤霉病等病害的发生，应及时进行防治。

(8) 采取促早熟措施。受涝渍危害后的作物易发生徒长而造成后期贪青晚熟，应及时采取促早熟措施。例如，玉米喷施健壮素等生长调节剂，吐丝开花期喷洒增产灵；大豆喷施矮壮素、增产灵等生长调节剂，以增强其抗倒伏能力，促进早熟和提高产量。

(9) 及时补种、改种。棉花等作物耐淹能力较差，一般在地面积水 10 cm、受淹后 1 d 就会引起减产，受淹 6 d～7 d 就会死亡。因此，灾后要及时查田补种，对渍涝严重的地块，应及时改种其他作物。

1.6 作物的耐盐碱性

1.6.1 盐害的概念

当土壤中可溶性盐的含量大于 0.3%时，会造成土壤的盐碱化。土壤的盐碱化严重限制了世界各国农业生产的发展，严重影响了农作物的产量和品质。根据盐组成成分的不同，可将盐碱土分为盐土和碱土。以碱性盐 Na_2CO_3 和 $NaHCO_3$ 为主要成分的土壤为碱土，碱土具有很强的碱性，土壤在干旱时，收缩坚硬干裂板结，湿润时膨大泥泞；结构性和通气性差，农作物难以正常生长，严重影响产量。以中性盐 NaCl 和 Na_2SO_4 为主要成分的土壤为盐土。土壤中可溶性盐过多对作物造成的伤害称为盐害（salt injury）。作物对盐害的适应能力称为耐盐性（salt resistance）。不同作物以及相同作物的不同品种间耐盐性明显不同。

海滨地区因土壤蒸发或者咸水灌溉、海水倒灌等因素，可使土壤表层的盐分升高到1%以上。一般盐土含盐量在0.2%～0.5%时就已对作物生长不利，而盐土表层含盐量往往可达0.6%～10%。如果能提高作物耐盐力，并改良盐碱土，将对农业生产的发展产生极大的推动力。

1.6.2 盐分过多对作物的危害

1.6.2.1 渗透胁迫

由于高浓度的盐分降低了土壤水势，使作物不能吸水，甚至体内水分外渗，因而盐害通常表现为生理干旱。

作物在土壤含盐量达0.2%～0.25%时，出现吸水困难；含盐量高于0.4%时，作物体内水分就易外渗脱水，生长矮小，叶色暗绿。在大气相对湿度较低的情况下，随着蒸腾作用的加强，盐害更为严重。

1.6.2.2 生理代谢紊乱

（1）光合作用。盐分过多使 PEP 羧化酶和 RuBP 羧化酶活性降低，叶绿体趋于分解，叶绿素和类胡萝卜素的生物合成受干扰，气孔关闭，光合作用受到抑制。

（2）呼吸作用。低盐时作物呼吸受到促进，而高盐时则受到抑制，氧化磷酸化解偶联。

（3）蛋白质合成。盐分过多会降低作物蛋白质的合成，促进蛋白质分解。

（4）有毒物质。盐胁迫使作物体内积累有毒的代谢产物。例如，小麦和玉米等在盐胁迫下产生的游离 NH_3 对细胞有毒害作用。

1.6.3 作物耐盐性及其提高途径

1.6.3.1 耐盐方式

避盐：指作物回避盐胁迫的耐盐方式，包括拒盐、排盐和稀盐。

耐盐：指通过生理或代谢过程来适应细胞内的高盐环境。

1.6.3.2　耐盐机制

(1) 渗透调节。作物耐盐的主要机理是盐分在细胞内的区域化分配，盐分在液泡中积累可降低其对功能细胞器的伤害。作物也可通过合成可溶性糖、甜菜碱、脯氨酸等渗透物质，来降低细胞渗透势和水势，从而防止细胞脱水。

(2) 营养元素平衡。有些作物在盐渍时能增加对 K^+ 的吸收，有的蓝绿藻能随 Na^+ 供应的增加而加大对氮素的吸收。所以，它们在盐胁迫下能较好地保持营养元素的平衡。

(3) 代谢稳定性。在较高的盐浓度中，某些作物仍能保持酶活性的稳定，维持正常的代谢。

(4) 与盐结合。作物能分泌有机酸到根际，中和碱性离子，同时在原生质中有能与盐类结合的清蛋白，可提高原生质对盐类的抗凝固作用。清蛋白对细胞内氢离子浓度、细胞含水量和盐分进入细胞都有稳定作用，因而可提高作物的抗盐能力。

1.6.3.3　提高耐盐性的途径

作物耐盐能力常随生育时期的不同而异，且对盐分的抵抗力有一个适应锻炼过程。种子在一定浓度的盐溶液中吸水膨胀，然后再播种萌发，可提高作物生育期的耐盐能力。例如，棉花和玉米种子用 3% NaCl 溶液预浸 1 h，可增强耐盐性。

用植物激素处理植株，如喷施 IAA 或用 IAA 浸种，可促进作物生长和吸水，提高耐盐性。ABA 能诱导气孔关闭，减少蒸腾作用和盐的被动吸收，提高作物的耐盐能力。

用在培养基中逐代加 NaCl 的方法，可获得耐盐的适应细胞，适应细胞中含有多种盐胁迫蛋白，以增强耐盐性。

另外，改良土壤、培育耐盐品种、洗盐灌溉等都是抵御盐害的重要措施。

1.7　作物的抗寒性

作物生长对温度的反应有三基点，即最低温度、最适温度和最高温度。例如，棉花的三基点温度范围分别为最低温度 10 ℃、最适温度 30 ℃～32 ℃、最高温度 40 ℃。超过最高温度，植物就会遭受热害；低于最低温度，作物将会受到寒害（包括冷害和冻害）。温度胁迫即指温度过低或过高对作物的影响。

1.7.1 抗冷性

1.7.1.1 冷害的概念

很多热带和亚热带作物不能经受冰点以上的低温，这种冰点（0 ℃）以上低温对作物的危害称为冷害（chilling injury）。据统计，世界每年因冷害造成的农业损失高达数千亿美元。作物对冷害的适应和抵抗能力称为抗冷性（chilling resistance）。在我国，冷害经常发生于早春和晚秋，对作物的危害主要表现在苗期与籽粒或果实成熟期。

作物受冷害后的一般症状：出现伤斑、凹陷；组织柔软、萎蔫；木本芽枯、顶枯、破皮流胶，花芽分化受破坏，结实率降低等。苗期冷害主要表现为叶片失绿和萎蔫。水稻、棉花、玉米等春播后，常遭冷害，造成死苗或僵苗不发。

作物在减数分裂期和开花期对低温也十分敏感。例如，水稻减数分裂期遇低温（16 ℃以下），则花粉不育率增加，且随低温时间的延长而危害加剧；开花期温度在 20 ℃以下，则延迟开花或闭花不开，影响授粉受精。晚稻灌浆期遇到寒流会造成籽粒空瘪。

根据作物对冷害的反应速度，冷害分为直接伤害和间接伤害。直接伤害是指作物受低温影响后几小时，至多在 1 d 之内即出现伤斑，说明这种影响已侵入胞内，直接破坏原生质活性。间接伤害主要是指由于低温引起代谢失调而造成的伤害。在时间进程上，间接伤害比直接伤害要晚一些，而且间接伤害具有累加效应。

1.7.1.2 冷害时作物体内的生理生化变化

（1）膜透性增大。在低温冷害下，细胞膜的结构遭到破坏，膜的流动性降低，膜的透性增大，膜内溶质、电解质大量外渗。

（2）原生质流动减慢或停止。原生质流动过程需 ATP 提供能量，而原生质流动减慢或停止则说明了冷害使 ATP 代谢受到抑制。

（3）水分代谢失调。植株遭受冰点以上低温危害后，吸水能力和蒸腾速率都明显下降，尤其是根系吸水能力下降幅度更显著，使得根系吸水小于蒸腾失水，最终导致作物体内水分平衡失调。

（4）光合速率减弱。低温危害后蛋白质合成小于降解，叶绿体分解加速，加之酶活性又受到影响，因而光合速率明显降低。

（5）呼吸速率变化大。作物在刚受到冷害时，呼吸速率会比正常时还高，这是一种自我保护作用。因为呼吸速率加快，释放出的热量多，对抵抗寒冷有利。但受冷害时间较长以后，呼吸速率又大大降低，这是因为原生质停止流动，氧供应不足，无氧呼吸比重增大。

(6) 有机物分解快。植株受冷害后，水解大于合成，不仅蛋白质分解加剧，游离氨基酸的数量和种类增多，而且多种生物大分子都减少。

1.7.1.3　冷害的机理

冷害造成作物形态结构和生理生化活动剧烈变化的主要原因，通常认为有以下 3 个方面。

(1) 膜脂发生相变。低温下，生物膜的脂类会出现相分离和相变，由液晶态变为凝胶态。由于脂类固化，从而引起与膜相结合的酶解离或使酶亚基分解而失去活性。膜脂发生相变的温度随脂肪酸链的加长而升高，随不饱和脂肪酸如油酸（oleic acid）、亚油酸（linoleic acid）、亚麻酸（linolenic acid）等所占比例的增加而降低。温带作物比热带作物耐低温的原因之一，就是构成膜脂不饱和脂肪酸的含量较高。同一种作物，抗寒性强的品种其不饱和脂肪酸的含量也高于抗寒性弱的品种。因此，膜不饱和脂肪酸指数（unsaturated fatty acid index，UFAI），即不饱和脂肪酸在总脂肪酸中的相对比值，可作为衡量作物抗冷性的重要生理指标。

(2) 膜结构改变。在缓慢降温条件下，由于膜脂的固化使得膜结构紧缩，降低了膜对水和溶质的透性；在寒流突然来临的情况下，由于膜脂的不对称性，膜体因紧缩不均匀而出现断裂，因而会造成膜的破损渗漏，胞内溶质外流。膜渗漏增加，使得胞内溶质外渗，打破了离子平衡，引起代谢失调。

(3) 代谢紊乱。生物膜结构的破坏会引起作物体内新陈代谢的紊乱。例如，低温下光合作用与呼吸速率改变，不但使作物处于饥饿状态，而且还使有毒物质（如乙醇）在细胞内积累，导致细胞和组织受伤或死亡。

1.7.1.4　提高作物抗冷性的措施

(1) 低温锻炼。很多作物如预先给予适当的低温锻炼，而后即可抗御更低的温度，否则就会在突然遇到低温时遭灾。春季在温室、温床育苗，进行露天移栽前，必须先降低室温或床温，目的就是对幼苗进行低温锻炼。经过低温锻炼的植株，其膜的不饱和脂肪酸含量增加，相变温度降低，膜透性稳定，细胞内 NADPH/NADP 比值和 ATP 含量增高，这些都有利于作物抗冷性的增强。

(2) 化学诱导。细胞分裂素、脱落酸和一些植物生长调节剂及其他化学试剂可提高作物的抗冷性。例如，玉米、棉花种子播前用福美双 $[(CH_3)_2NCSS]_2$ 处理，可提高作物抗寒性；将 2，4 - D、KCl 等喷于瓜类叶面则有保护其不受低温危害的效应；PP_{333}、抗坏血酸、油菜素内酯等在苗期喷施或浸种，也有提高水稻幼苗抗冷性的作用。

(3) 合理施肥。 调节氮、磷、钾肥的比例，增加磷、钾肥比重能明显提高作物抗冷性。

1.7.2 抗冻性

1.7.2.1 冻害的概念

冰点（0 ℃）以下低温对作物的危害称为冻害（freezing injury）。作物对冰点以下低温的适应或抵抗能力称为抗冻性（freezing resistance）。

冻害发生的温度极限，可因作物种类、生育时期、生理状态、组织器官及其经受低温的时间长短而有很大差异。

作物受冻害时，叶片就像烫伤一样，细胞失去膨压，组织柔软、叶色变褐，最终干枯死亡。

冻害主要是冰晶的伤害。作物组织结冰可分为两种方式：胞外结冰与胞内结冰。胞外结冰又称为胞间结冰，是指在温度下降时，细胞间隙和细胞壁附近的水分结成冰。胞内结冰是指温度迅速下降，除了胞间结冰外，细胞内的水分也冻结。

1.7.2.2 冻害的机理

(1) 结冰伤害。 胞间结冰引起作物受害的主要原因：①原生质过度脱水。原生质过度脱水，使蛋白质变性或原生质发生不可逆的凝胶化。由于胞外出现冰晶，于是随着冰核的形成，细胞间隙内水蒸气压力降低，但胞内含水量较大，蒸汽压仍然较高，这个压力差的梯度使胞内水分外溢，而到胞间后水分又结冰，使冰晶越结越大，细胞内水分不断被冰块夺取，最终使原生质发生严重脱水。②冰晶体对细胞的机械损伤。由于冰晶体的逐渐膨大，它对细胞造成的机械压力会使细胞变形，甚至可能将细胞壁和质膜挤碎，使原生质暴露于胞外而受冻害，同时细胞亚微结构遭受破坏，区域化被打破，酶活动无秩序，影响代谢的正常进行。③解冻过快对细胞的损伤。结冰的作物遇气温缓慢回升，对细胞的影响不会太大。若遇温度骤然回升，冰晶迅速融化，细胞壁易于恢复原状，而原生质尚来不及吸水膨胀，有可能被撕裂损伤。在冰点温度的植株会由于水分随着水势梯度流动，穿过质体膜进入细胞壁和细胞间空隙，而造成细胞内水分匮乏，阻止细胞质结晶冰的形成，导致细胞死亡。相反，细胞会脱水，非原生质体发生结冰。

(2) 巯基假说。 当组织结冰脱水时，巯基（—SH）减少，而二硫键（—S—S—）增加。当解冻再度失水时，肽链松散，氢键断裂，但—S—S—键还保存，肽链的空间位置发生变化，蛋白质分子的空间构象改变，因而蛋白质结构被破坏，进而引起细胞的伤害和死亡。

（3）膜的伤害。膜对结冰最敏感，如柑橘的细胞在－6.7 ℃～－4.4 ℃时，所有的膜（质膜、液泡膜、叶绿体和线粒体）都被破坏；小麦根分生细胞结冰后，线粒体膜也发生显著的损伤。低温造成细胞间结冰时，可产生脱水、机械和渗透3种胁迫，这3种胁迫同时作用，使蛋白质变性或改变膜中蛋白和膜脂的排列，膜受到伤害，透性增大，溶质大量外流。另外，膜脂相变使得一部分与膜结合的酶游离而失去活性，光合磷酸化和氧化磷酸化解偶联，ATP形成明显下降，引起代谢失调，严重的则使植株死亡。

1.7.2.3　作物对冻害的适应性

作物在长期进化过程中，在生长习性和生理生化方面都对低温具有特殊的适应方式。

如一年生作物主要以干燥种子形式越冬；大多数多年生草本作物越冬时地上部死亡，而以埋藏于土壤中的延存器官（如鳞茎、块茎等）渡过冬天；大多数木本作物或冬季作物除了在形态上形成或加强保护组织（如芽鳞片、木栓层等）和落叶外，主要在生理生化上有所适应，增强抗寒力。在一年中，作物对低温冷冻的抗性也是逐步形成的。

例如，冬小麦在夏天20 ℃时，抗寒能力很弱，只能抗－3 ℃的低温；秋天15 ℃时，抗寒能力开始增强到能抗－10 ℃低温；冬天0 ℃以下时，抗寒能力可增强到抗－20 ℃的低温，春天温度上升变暖，抗寒能力又下降。经过逐渐降温，作物在形态结构上也有较大变化，如秋末温度逐渐降低，抗寒性强的小麦质膜可能发生内陷弯曲现象。这样，质膜与液泡相接近，可缩短水分从液泡排向胞外的距离，排除水分在细胞内结冰的危险。

低温到来前，作物对低温的适应变化主要有以下5个方面：①植株含水量下降。随着温度下降，植株含水量逐渐减少，特别是自由水与束缚水的相对比值减小。②呼吸减弱。植株的呼吸随着温度的下降而逐渐减弱，很多作物在冬季的呼吸速率仅为生长期中正常呼吸的1/200。③激素变化。随着秋季日照变短、气温降低，许多树木的叶片逐渐形成较多的脱落酸，并将其运送到生长点（芽），抑制茎的伸长，而生长素与赤霉素的含量则减少。④生长停止，进入休眠。冬季来临之前，植株生长变得非常缓慢，甚至停止生长，进入休眠状态。⑤保护物质增多。在温度下降的时候，淀粉水解加剧，可溶性糖含量增加，细胞液的浓度增高，使冰点降低，减轻细胞过度脱水，也可保护原生质胶体不致遇冷凝固。

1.7.2.4　提高作物抗冻性的措施

（1）抗冻锻炼。在作物遭遇低温冻害之前，逐步降低温度，使作物提高抗冻的能力，是一项有效的措施。通过锻炼（hardening）之后，作物的含水量发生变化，自由水减少，束缚水相对增多；膜不饱和脂肪酸也增多，膜相变的温度降低；同化物积累明显，特别是糖的积累增多；激素比例发生改变，脱水能力显著提高。经过低温锻炼后，作物组织的含糖量（包括葡萄糖、果糖、蔗糖等可溶性糖）增多，还有一些多羟醇（如山梨醇、甘露醇、乙二醇等）也增多。研究发现，人工向作物渗入可溶性糖，也可提高作物的抗冻能力。但是，作物通过获得锻炼抗冻的本领，是由其原有习性所决定的，不能无限地提高。例如，水稻无论如何锻炼也不可能像冬小麦那样抗冻。

(2) 化学调控。一些植物生长激素类物质可以用来提高作物的抗冻性。例如，用矮壮素与其他生长延缓剂来提高小麦抗冻性已应用于实践。细胞分裂素对许多作物（如玉米、梨、甘蓝、菠菜等）都有增强其抗冻性的作用。

(3) 农业措施。秋季日照不足，秋雨连绵，干物质积累少或者土壤过湿，根系发育不良；或者温度忽高忽低，变幅过大；或者氮素过多，幼苗徒长等，都会影响作物的锻炼过程，使抗冻能力下降。因此，要采取有效的农业措施，加强田间管理，防止冻害发生。①及时播种、培土、控肥、通气，促进幼苗健壮，防止徒长，增强秧苗素质。②寒流霜冻到来前，实行冬灌、熏烟、盖草等，以抵御强寒流袭击。③实行合理施肥，可提高钾肥比例，也可用厩肥与绿肥压青，提高越冬或早春作物的御寒能力。④早春育秧，采用薄膜苗床、地膜覆盖等对防止冷害和冻害都很有效。

1.8 作物的抗热性

1.8.1 热害的概念

由高温引起作物伤害的现象称为热害（heat injury）。作物对高温胁迫（high temperature stress）的适应和抵抗能力称为抗热性（heat resistance）。但热害的温度很难定量，因为不同种类的作物对高温的忍耐程度有很大差异。

根据不同植物对温度的反应，可分为如下 3 类。

(1) 喜冷植物。适宜生长温度为零上低温（0 ℃～20 ℃），当温度在 20 ℃以上即受高温伤害。例如，某些藻类。

(2) 中生植物。适宜生长温度为 10 ℃～30 ℃，超过 35 ℃就会受伤。例如，水生和阴生的高等植物、地衣、苔藓等。

(3) 喜温植物。在 45 ℃以上才受伤害的植物，如陆生高等植物、某些隐花植物；有些植物则在 65 ℃～100 ℃才受害，称为极度喜温植物，如蓝绿藻等。

高温的直接伤害是蛋白质变性与凝固，但伴随发生的是高温引起蒸腾加强与细胞脱水。因此，抗热性与抗旱性的机理常常不易划分。

实际上抗旱性机理中就包含有抗热性，说明抗热性的机理也同样可以解释抗旱性。热害与旱害在现象上的差别在于，热害后叶片死斑明显，叶绿素破坏严重，器官脱落，亚细胞结构破坏变形；而旱害的症状不如热害显著。

1.8.2　高温对作物的危害

作物受高温伤害后会出现各种症状：树干（特别是向阳部分）干燥、裂开；叶片出现死斑，叶色变褐、变黄；鲜果（如葡萄、番茄等）烧伤；逐渐地，受伤处与健康处之间形成木栓，有时甚至整个果实死亡；出现雄性不育、花序或子房脱落等异常现象。

高温对作物的危害是复杂的、多方面的，归纳起来可分为直接危害与间接危害两个方面。

（1）直接危害。高温直接影响组成细胞质的结构，在短期（几秒到几十秒）内出现症状，并可从受热部位向非受热部位传递蔓延。其伤害实质较复杂，可能原因如下：①蛋白质变性。蛋白质变性最初是可逆的，在持续高温下，很快转变为不可逆的凝聚状态，高温使蛋白质凝聚的原因与冻害相似。②脂类液化。生物膜主要由蛋白质和脂类组成，它们之间靠静电或疏水键相联系。高温能打断这些键，把膜中的脂类释放出来，形成一些液化的小囊泡，从而破坏了膜的结构，使膜失去半透性和主动吸收的特性。脂类液化程度决定了脂肪酸的饱和程度，饱和脂肪酸越多越不易液化，耐热性越强。经比较，耐热藻类的饱和脂肪酸含量显著比中生藻类的高。

（2）间接危害。间接危害是指高温导致代谢异常，渐渐使作物受害，其过程是缓慢的。①饥饿。高温下呼吸作用大于光合作用，即消耗多于合成，若高温时间长，作物体就会出现饥饿甚至死亡。因为光合作用的最适温度一般都低于呼吸作用的最适温度，如马铃薯的光合适温为 30 ℃，而呼吸适温接近 50 ℃。②毒性。高温使氧气的溶解度减小，抑制作物的有氧呼吸，同时积累无氧呼吸所产生的有毒物质，如乙醇、乙醛等。高温抑制含氮化合物合成，促进蛋白质降解，使体内氨过度积累而毒害细胞。③缺乏某些代谢物质。高温使某些生化环节发生障碍，使得作物生长所必需的活性物质如维生素、核苷酸缺乏，从而引起作物生长不良或出现伤害。

④蛋白质合成下降。一方面，高温使细胞产生了自溶的水解酶类，或溶酶体破裂释放出水解酶使蛋白质分解；另一方面，破坏了氧化磷酸化偶联，因而丧失了为蛋白质生物合成提供能量的能力。

1.8.3 作物耐热性的机理

1.8.3.1 内部因素

不同生长习性的作物其耐热性不同，一般来说，生长在干燥炎热环境下的作物耐热性强于生长在潮湿冷凉环境下的作物。

作物不同的生育时期、部位，其耐热性也有差异。成长叶片的耐热性大于嫩叶，也大于衰老叶；种子休眠时耐热性最强，随着种子吸水膨胀，耐热性下降；果实越趋成熟，耐热性越强；油料种子对高温的抵抗力大于淀粉种子；细胞汁液含水量（自由水）越少，蛋白质分子越变性，耐热性越强。

耐热性强的作物在代谢上的基本特点：①构成原生质的蛋白质对热稳定。②细胞含水量一般较低。③饱和脂肪酸含量较高（使膜中脂类分子液化温度升高）。④有机酸代谢较高（有机酸与 NH_4^+ 结合可消除 NH_3 的毒害）。

1.8.3.2 外部条件

高温锻炼有可能提高作物的抗热性。高温处理会诱导作物形成热激蛋白。有研究表明，热激蛋白的形成与作物抗热性呈显著正相关。也有研究指出，热激蛋白有稳定细胞膜结构与保护线粒体的功能。所以，热激蛋白的种类与数量可以作为作物抗热性的生化指标。湿度与抗热性也有关。通常湿度高时，细胞含水量高，而抗热性降低。

矿质营养与耐热性的关系较复杂，通过对白花酢浆草等植物的测定得知，氮素过多，其耐热性降低；而营养缺乏的植物其热死温度反而提高，其原因可能是氮素充足增加了植物细胞含水量。

此外，一般而言一价离子可使蛋白质分子键松弛，使其耐热性降低；二价离子如 Mg^{2+}、Zn^{2+} 等连接相邻的 2 个基团，加固了分子的结构，增强了热稳定性。

1.8.4 预防作物热害的对策

（1）选育抗热品种。根据不同地区的温热情况和作物的抗热基因遗传潜力，引种筛选和培育抗热性较强的品种。可通过人工高温处理比较、测定作物生物膜的成分和结构、测定高温逆境特异蛋白质等辅助指标进行鉴定。引种时，应根据气候相似性的原则和逐步驯服归化法的原理，到气候条件相似的地方引进抗热良种，再进一步筛选和驯化。

（2）合理安排茬口。作物生长发育受温度影响最敏感的时期是幼苗期和开花结实期。依据高温热害发生规律，变对抗性农业为适应性农业，确定避灾型的农业结构和作物布局，通过合理安排农作物的茬口，调整播种时期，错季栽培，使其幼苗期和开花结实期等对高温最敏感的时期与该地区的高温发生期错开，可以有效地避开热害的发生。

（3）加强田间管理，增强抗热性。在作物生长期中，特别要注意调节肥料和水分，应用节水健身栽培等减灾新技术，防止疯长和季节性干旱。加强田间管理，增强植株的素质，提高抗热能力。根据作物细胞含水量低时能增强植株抗热性的原理，大力推广节水栽培技术，适时适量控制水分供应，防止土壤积水，适当减少灌溉，降低植株含水量，提高细胞浓度，增加原生质的黏滞性。

（4）地表覆盖。地表覆盖可以引起作物近地表层和土壤耕作层中水、热收支平衡的变化，是降温保湿最有效的方法之一。覆盖物可以直接减少地表水分蒸发，使土壤湿度增加，对温度变化的缓冲能力增强。同时，覆盖物可以反射太阳光、降低太阳辐射量，从而降低作物的冠层温度。

1.9 作物抗逆性鉴定方法

抗逆性鉴定是作物遗传改良和品种筛选的基础。不同作物品种之间抗逆性的差异在于它们在形态、解剖、生理生化和遗传学上的特性不同，找出这些不同并进行分级，就是研究抗逆性鉴定方法的过程。作物在不同的生育阶段其抗逆性不同，在营养生长期抗性较强，在开花期和旺盛生长期抗性较弱。抗逆性鉴定：一是要找出作物对逆境胁迫的敏感期和敏感组织部位，从而确定最佳鉴定时期，如在作物水分临界期进行抗旱性鉴定，而非水分临界期只作参考；二是要找出鉴定方法，目前作物抗逆性鉴定方法主要有直接鉴定法和间接鉴定法两大类。

1.9.1 直接鉴定法

直接鉴定又分为自然条件下的田间直接鉴定、盆栽鉴定和人工气候模拟鉴定。田间直接鉴定所得结果在当时当地条件下是最可靠的。但是，在不同地点和年份（或季节），由于自然条件的变化，所得结果可比性差。此外，以田间存活或死亡率为指标进行鉴定，有时会因植株全部存活或全部死亡而不能获得鉴定结果。因此，为了得到比较可靠的鉴定结果，必须对某一品种进行多地点多年份的重复鉴定。这种方法的缺点是受季节限制、时间长、速度慢。

盆栽鉴定可以在自然条件下进行，也可以在人工气候模拟条件下进行。因为这种方法可以移动栽培盆钵，所以便于控制作物品种的栽培条件和创造逆境。

人工气候模拟鉴定是把不同品种放在一个特定的模拟气候条件下进行比较鉴定。模拟条件可通过人工气候箱（室、棚）和人工培养基质实现。这种方法克服了田间直接鉴定的缺点，鉴定结果便于比较，可靠性也较好。其优点还在于可用盆栽植株、离土田间整株及其部分器官或组织进行胁迫处理；可控制胁迫的时间、强度和重复次数；可选择作物所处的任何发育阶段进行试验和鉴定。主要缺点是设备投资和能源消耗大，鉴定成本高。但是，人工模拟逆境也不能完全代表千变万化的自然逆境。在多数人工模拟逆境鉴定中，只能对盆栽植株进行鉴定，由于在群体条件下作物个体之间存在相互影响的关系，人工模拟逆境鉴定的结果往往难以反映群体水平下的情况。因此，一般人工模拟逆境的鉴定结果还需与自然条件下的鉴定结果相印证。

直接鉴定法的指标是指作物品种在逆境条件下受害程度（形态、发育阶段、生长速度的变化）、产量降低水平和作物植株（整株或分蘖）死亡率等。根据受害程度、死苗率或存活指数（FSI）与对照品种比较，然后划分鉴定品种的抗逆性级别。

除上述抗逆性直接鉴定方法和指标外，有些作物对不良环境条件的抗性还有其独特的鉴定方法和指标。例如，在抗寒性鉴定方面，对于冬小麦可根据分蘖节的埋土深度、幼苗匍匐性、叶片宽窄、半致死温度（LD_{50}）等鉴定抗冻性；利用冷水串灌法测定水稻的抗冷性；对玉米、高粱等作物品种苗期的抗冷性，可用抗冷指数表示。在抗旱方面，一是通过反复干旱处理进行鉴定；二是模拟逆境条件下对作物的某个生育期或植株器官进行抗逆性鉴定。例如，由于高渗溶液［如聚乙二醇6000（PEG6000）、聚乙烯吡咯烷酮（PVP）］可对作物产生生理性缺水干旱，因而可以通过测定种子在高渗溶液中的发芽率和幼苗在高渗溶液中的生长情况等来鉴定其抗旱性。在耐盐碱方面，采用不同浓度盐溶液、盐培养基模拟盐渍逆境，调查计算作物盐害指数等方法和指标进行鉴定。

1.9.2 间接鉴定法

通过从解剖学、细胞学、植物生理生化学等方面研究，找到反映作物的实际抗逆性水平，称为间接鉴定法，也称实验室鉴定法。

通过研究不同逆境条件下起主导作用和最先开始的生理生化指标变化，研究出更简捷、更早期的鉴定方法。

其中，有些方法和指标适用于所有作物品种，如利用作物在逆境条件下细胞膜结构的变化情况而采用的电解质外渗法（电导法）、作物体内水分（自由水和束缚水）的变化规律、脯氨酸含量和呼吸强度的改变等方法与指标。有些方法和指标是专门用于测定某些作物品种对某项具体逆境条件的抗性。例如，通过测定作物生物膜的成分和结构，以及测定高温逆境特异蛋白质等辅助指标从而快速鉴定耐热性。

采用叶片相对含水量（RWC，指作物组织含水量占饱和含水量的百分数）、水分饱和亏（WSD，指作物组织实际相对含水量距饱和相对含水量的差值）、叶水势、气孔阻力、蒸腾速度、高渗溶液（甘露醇）等方法和指标测定作物品种的抗旱性；采用氯化三苯四氮唑（TTC）还原、分蘖节处的细胞液浓度变化、β-呋喃果糖酶活性、含磷量等方法和指标测定小麦的抗冻性；采用细胞质壁分离、作物体内 K^+/Na^+ 比值、甘氨酸、甜菜碱含量的测定等方法和指标测定作物品种的耐盐性。

另外，由于生物体的发育时期和抗逆差异一般比种属间的差异小，往往被难以控制的环境因素干扰而不易区分。因此，只有采用多项指标的综合评价，才能比较准确地鉴定作物品种的抗逆性。

1.9.3 展望

除以上鉴定方法外，还可在以下方面开展进一步研究：一是研究基于光谱/高光谱等新技术监测逆境条件下生理生化指标差异，从而快速、便捷、无损地鉴定抗逆性的技术；二是进一步研究作物在复合逆境下抗逆性的鉴定方法；三是研究无需经过逆境的作用，而直接找出相关抗逆基因，用这种基因表达的差异性来鉴定抗逆性。

第二章 《棉花抗旱性鉴定技术规程》解读

干旱是一个世界性的问题。据统计，全球有 1/3 的地区属于干旱半干旱地区，其耕地面积占世界总耕地面积的 42.9%。我国干旱及半干旱地区面积占全国总耕地面积的 48%，干旱胁迫对农作物造成的损失在所有非生物胁迫中占据首位。棉花作为世界上最重要的天然纤维作物和经济作物，它既是纺织工业的主要原料，也是国防、医药、化工、油脂等工业的原料。然而，随着我国粮食安全问题日益显现，粮棉争地矛盾越来越突出。为确保我国的粮食安全，棉花种植逐渐向西北内陆盐碱旱地转移。近年来，由于全球气候变化影响造成生态环境的日益恶化，干旱频繁，严重影响了我国棉花生产。

研究结果表明，干旱对棉花整个生育期的生长发育均有影响。播种至出苗期受旱，棉花出苗困难，造成缺苗断垄；苗期较长时期的连续缺水对茎秆直径和高产基础有较大影响；蕾期受旱使棉花难以构建高产结构；花铃期受旱使花蕾、花铃大量脱落，棉纤维发育受阻，棉株增长缓慢，叶片数减少、叶片变小、新生叶片生长速率缓慢，果枝量少，且伸展慢，严重受旱使棉花植株停止生长，产生自然封顶现象。棉花生育各阶段缺水都会使棉花减产、品质下降。实践证明，培育抗旱品种是提高作物在干旱条件下产量的有效手段。种植抗旱品种，尤其是在西北内陆棉区栽培抗旱品种，是促进我国棉花生产持续稳定发展、实现粮棉双丰收的重要途径。

多年来，国内外学者在棉花抗旱种质筛选鉴定方面做了大量工作，从不同角度水平提出了许多鉴定方法和指标，有采用形态特征如株高、果节数、单株成铃数、花铃期叶片数、有效果枝数作为抗旱鉴定指标，有采用产量如百粒棉籽的重量（以下简称籽指）、单铃重、收获指数作为抗旱鉴定指标，有采用生理生化方法如脯氨酸、可溶性糖、丙二醛、过氧化氢酶等作为抗旱鉴定指标。但至今没有形成一套准确、可靠、简单、公认、统一的鉴定方法和指标体系，已制约了棉花抗逆生产和育种的发展。因此，迫切需要建立一种快速、准确的棉花品种资源抗旱性鉴定的方法，制定出相关标准，为棉花品种抗旱性改良和抗旱品种筛选鉴定提供技术及标准支撑。

中国农业科学院棉花研究所等单位在前期研究的基础上，进行了广泛的调查研究和试验验证，按照标准编写的要求，按照《标准化工作导则 第1部分：标准的结构和编写》(GB/T 1.1—2009) 规定，参考《小麦抗旱性鉴定评价技术规范》(GB/T 21127—2007)、《油菜抗旱性鉴定技术规程》(NY/T 3058—2016) 等标准，制定了《棉花抗旱性鉴定技术规程》(NY/T 3534—2020)，由农业农村部于 2020 年 3 月 20 日发布，于 2020 年 7 月 1 日实施。

2.1 前言

【标准原文】

前　言

本标准按照 GB/T 1.1—2009 给出的规则起草。

本标准由农业农村部种植业管理司提出并归口。

本标准主持起草单位：中国农业科学院棉花研究所、安徽中棉种业长江有限责任公司。

本标准参与起草单位：新疆农业科学院经济作物研究所、河南省种子管理站、新疆维吾尔自治区种子管理总站、安徽省农业科学院棉花研究所。

本标准主要起草人：王延琴、陆许可、马磊、匡猛、王俊娟、金云倩、艾先涛、周大云、方丹、徐双娇、蔡忠民、王爽、荣梦杰、唐淑荣、张文玲、高翔、黄龙雨、吴玉珍、周关印、王俊铎、郑巨云、梁亚军、龚照龙、阚画春、王维。

【内容解读】

《棉花抗旱性鉴定技术规程》(NY/T 3534—2020) 由农业农村部种植业管理司提出并归口，于 2018 年由农业农村部立项，由中国农业科学院棉花研究所、安徽中棉种业长江有限责任公司、新疆农业科学院经济作物研究所、河南省种子管理站、新疆维吾尔自治区种子管理总站、安徽省农业科学院棉花研究所等单位起草，2019 年完成制定，2020 年 3 月 20 日发布，2020 年 7 月 1 日实施。

2.2 范围

【标准原文】

1 范围

本标准规定了棉花抗旱性鉴定方法及判定规则。

本标准适用于棉花品种及种质资源的抗旱性鉴定。

【内容解读】

本部分主要说明标准的主要内容和适用范围。本标准规定了棉花抗旱性鉴定方法及判定规则，包括种子萌发期抗旱性鉴定方法及判定规则、苗期抗旱性鉴定方法及判定规则、全生育期抗旱性鉴定方法及判定规则。本标准适用于棉花品种及种质资源的抗旱性鉴定。

2.3 规范性引用文件

【标准原文】

2 规范性引用文件

下列文件对于本文件的应用是必不可少的。凡是注日期的引用文件，仅注日期的版本适用于本文件。凡是不注日期的引用文件，其最新版本（包括所有的修改单）适用于本文件。

GB 4407.1 经济作物种子 第1部分：纤维类

GB/T 3543.3 农作物种子检验规程 净度分析

GB/T 3543.4 农作物种子检验规程 发芽试验

2.4 术语和定义

【标准原文】

3 术语和定义

下列术语和定义适用于本文件。

3.1

抗旱性 drought resistance

作物在干旱胁迫下，其生长发育、形态建成及产量形成对于干旱胁迫的反应能力。

3.2

高渗溶液法 hypertonic solution method

将细胞或生物体浸入聚乙二醇6000等溶液，使细胞水分渗出造成干旱胁迫，检测生物体抗旱性的方法。

【内容解读】

将细胞或生物体浸入某种溶液中，水从细胞向外部渗出，这种溶液显示高渗性（即比细胞液渗透压高），称为高渗溶液，如蒸馏水等；相反，如果水向细胞内渗入，则表示溶液为低渗性（即比细胞液渗透压低），则称为低渗溶液，如10%的葡萄糖液或50%的葡萄糖液等。一般高渗溶液使细胞缩小（质壁分离），低渗溶液使细胞膨胀（胞质逸出）。与细胞液渗透压相等的溶液称为等渗溶液，如5%的葡萄糖溶液或0.9%的氯化钠溶液。

由于高渗溶液［如聚乙二醇6000（PEG6000）］可导致作物产生生理性缺水，从而可以模拟干旱胁迫，进而可以通过测定种子在高渗溶液中的发芽率和幼苗在高渗溶液中的生长指标来鉴定其抗旱性，是直接鉴定法中的人工气候模拟鉴定法的一种。

【标准原文】

3.3

发芽率 germination percentage

在规定的条件和时间内长成的正常幼苗数占供检种子数的百分率。

3.4

相对发芽率 relative germination percentage

同一品种干旱处理的发芽率与对照处理的发芽率的百分比。

3.5

抗旱校正品种 adjusting variety of drought resistance

用于校正非同批待测材料抗旱性鉴定结果的标准品种。

3.6

抗旱指数 drought resistance index

以籽棉产量为依据，以对照品种作为比较标准，判定待测材料抗旱性的指标。

2.5 鉴定方法

【标准原文】

4 抗旱性鉴定方法

4.1 种子萌发期抗旱性鉴定

4.1.1 鉴定原理

种子萌发期抗旱性鉴定采用高渗溶液法。即用15%的聚乙二醇6000水溶液对种子进行水分胁迫处理，以去离子水作为对照。沙床培养12 d，以相对发芽率表示棉花抗旱性。

【内容解读】

(1) 模拟干旱胁迫试剂及浓度选择。种子萌发期是种子植物生活史中的关键阶段，也是进行作物抗旱性研究的重要时期。高渗液聚乙二醇6000（PEG6000）是一种亲水性很强的大分子有机物，溶于水后能产生强大的渗透压。因此，聚乙二醇常用作作物耐旱性选择剂或水分胁迫剂。PEG6000处理对种子萌发的水分胁迫，实质是限制水分进入种子的速率，控制种子的吸水速率。PEG6000模拟干旱胁迫已广泛应用于各类作物的抗旱性鉴定（李凤珍、马晓刚，2011；陈莹等，2015），已成为一种比较可靠的方法。

PEG6000溶液的水势可通过公式计算得出，Michel、Kaufinann（1973）提出了PEG6000溶液的水势计算方法：

$$\psi=(1.18\times10^{-2})\ C-(1.18\times10^{-4})\ C^2+(2.62\times10^{-4})\ CT+(8.39\times10^{-7})\ C^2T$$

式中：

ψ——PEG6000水溶液的水势，单位为兆帕（MPa）；

C——PEG6000的浓度，单位为克每千克（g/kg）；

T——温度，单位为摄氏度（℃）。

由于水势的计算较为麻烦，在实际操作中，也可采用PEG6000浓度（质量分数）代替水势进行胁迫溶液的配制。PEG6000的浓度为10%、15%、20%、25%、30%时，与之对应的水势约分别为−0.2 MPa、−0.4 MPa、−0.6 MPa、−0.8 MPa、−1.2 MPa。

在已发布实施的国家标准、农业行业标准和地方标准中，种子萌发期的抗旱性鉴定都是使用−0.5 MPa的聚乙二醇6000水溶液对种子进行水分胁迫处理，以无离子水作为对照进行室内发芽试验。例如，《小麦抗旱性鉴定评价技术规范》(GB/T 21127—2007)、《油菜抗旱性鉴定技术规程》(NY/T 3058—2016)、《玉米抗旱性鉴定技术规范》(DB13/T 1282—2010)和《大豆品种抗旱性鉴定方法及评价》(DB11/T 720—2010）中，对小麦、油菜、玉米和大豆进行的抗旱性鉴定，均采用－0.5 MPa 的聚乙二醇6000。其配制方法为：称取 192 g 聚乙二醇 6000 溶解在 1 L 无离子水中，即为－0.5 MPa 的聚乙二醇 6000 溶液。

近年来，对棉花的抗旱性鉴定研究中，不同的文献采用的聚乙二醇6000 浓度不尽相同，胁迫的部位也不相同。吴文超等（2016）以 11％的聚乙二醇 6000 溶液浸泡棉花叶片模拟干旱胁迫，对不同棉花品种抗旱性、耐盐性及综合抗逆性进行了评价。李志博等（2006）以 0％、10％、20％和 30％聚乙二醇 6000 溶液浸泡棉花叶片模拟干旱胁迫，研究了北疆棉花品种抗旱性初步评价及鉴定方法。邵晋梅等（1992）用浓度为 15％的聚乙二醇 6000 作为干旱胁迫诱导溶液，用清水作对照，研究了干旱胁迫对种子萌发的影响。

王延琴等（2009）以中棉所 41 种子为供试材料，采用不同浓度的聚乙二醇 6000 溶液模拟土壤自然水势，对棉花种子萌发进行人工水分胁迫试验，研究了水分胁迫对棉花种子萌发的影响。试验中采用的聚乙二醇6000 溶液浓度梯度分别为 10％、15％、20％、25％、30％，与之对应的水势分别为－0.2 MPa、－0.4 MPa、－0.6 MPa、－0.8 MPa、－1.2 MPa，用蒸馏水作对照。4 次重复，每重复 100 粒种子，按照《农作物种子检验规程　发芽试验》(GB/T 3543.4—1995）进行发芽试验，置床后第 12 d 调查各项指标，考察了水分胁迫对发芽率、发芽速度、苗高、根长、根茎比的影响。结果表明，15％的 PEG6000 是鉴定棉花种子萌发期抗旱性的适宜浓度。

王俊娟等（2011）用 15％的 PEG6000 竖直滤纸法在 30 ℃恒温条件下对 41 份材料进行棉花萌发期抗旱鉴定，对照为清水，每处理设 3 个重复，每重复取 100 粒均匀一致、饱满健康的种子，调查 3 d 发芽势、7 d 发芽率、3 d 芽总长、3 d 芽总重、7 d 胚根长、7 d 胚轴长等指标，芽总长、芽总重、胚根长、胚轴长均为 10 个最长的平均值，3 个重复。棉花种子发芽势在 PEG6000 模拟干旱胁迫后与清水对照相比下降 20.27％～71.06％，平均下降 47.99％，其变异系数大大提高。在 PEG6000 模拟胁迫条件下，与 3 d 的发芽势相比，清水对照条件下发芽率没有明显提高，PEG6000 模拟胁迫条件下发芽率明显提高，特别是那些发芽势相对较低的材料其发芽率提高更明显，且 41 份材料发芽率的变异系数比发芽势的变异系数降低很多。PEG6000 模拟胁迫条件下，41 份材料芽长与对照相比下降 35.10%～83.38%，平均下降 66.14%，PEG6000 模拟干旱胁迫条件下 41 份棉花材料的芽总重的变异系数均比清水对照的低，说明芽总重受胁迫后变化较小，也可能与本试验所用的芽总重包括种皮有关。在 PEG6000 模拟干旱胁迫条件下，下胚轴长度与对照相比大大下降，下降 57.92%～92.04%，变异系数比对照处理的变异系数增加，说明品种间受抑制程度不一样，受抑制程度轻的品种萌发期抗旱能力强，受抑制程度重的品种抗旱能力差。在 PEG6000 模拟干旱胁迫条件下，胚根长度比对照下降了 1.45%～6.07%，品种间下降程度不同。在 PEG6000 模拟干旱胁迫条件下，胚根长/下胚轴长比值为 1.05～8.24，平均值为 3.04，41 份材料间的变异系数为 41.42%，而在清水对照条件下，41 份棉花材料 7 d 的胚根长/下胚轴长比值为 0.71～2.05，平均值为 1.22，变异系数为 22.53%，在 PEG6000 模拟干旱胁迫条件下变异系数比对照处理的变异系数大大提高。在清水条件下，胚根占总胚芽长的 41.62～67.26%；而在 PEG6000 模拟干旱胁迫条件下，胚根占总胚芽长的 51.29%～89.18%。也就是说，PEG6000 模拟干旱胁迫首先抑制的是胚轴，而对胚根影响较小。这可能是棉花长期进化的结果，或者说是棉花在进化过程中保留了这一优良的特性，即在不利的条件下优先保证根的生长。

综上所述，选择 15% PEG6000 作为棉花种子萌发期水分胁迫浓度。根据农业农村部棉花品质监督检验测试中心多年的棉花种子发芽试验经验，棉花种子发芽试验采用砂床法比纸床法更有利于种子的发芽和鉴别，结果更准确。因此，本标准采用砂床法。

（2）鉴定指标的选择。多年来，国内外学者在抗旱种质筛选鉴定方面做了大量工作，从不同角度提出了许多鉴定方法和指标。有采用形态特征如株高、果节数、单株成铃数、花铃期叶片数、有效果枝数作为抗旱鉴定指标，有采用产量如籽指、单铃重、收获指数作为抗旱鉴定指标，有采用生理生化方法如脯氨酸、可溶性糖、丙二醛、过氧化氢酶等作为抗旱鉴定指标。但至今没有形成一套准确、可靠、简单、公认、统一的鉴定方法和指标体系。

在《小麦抗旱性鉴定评价技术规范》(GB/T 21127—2007)、《油菜抗旱性鉴定技术规程》(NY/T 3058—2016)、《玉米抗旱性鉴定技术规范》(DB13/T 1282—2010）和《大豆品种抗旱性鉴定方法及评价》(DB11/T 720—2010）中，对小麦、油菜、玉米和大豆萌发期进行抗旱性鉴定，均采用相对发芽率作为鉴定指标。因此，本标准选用棉花种子相对发芽率作为棉花种子萌发期抗旱鉴定指标。

（3）棉花种子萌发期抗旱性判定。参考《小麦抗旱性鉴定评价技术规范》(GB/T 21127—2007)、《油菜抗旱性鉴定技术规程》(NY/T 3058—2016)、《玉米抗旱性鉴定技术规范》(DB13/T 1282—2010) 和《大豆品种抗旱性鉴定方法及评价》(DB11/T 720—2010)，对于抗旱级别的分级，结合棉花种子的实际，将棉花种子萌发期的抗旱级别分为4级，即极强（相对发芽率≥90%）、强（75.0%～89.9%）、中等（50.0%～74.9%）、弱（<50.0%）。

【标准原文】

4.1.2 试验设备

4.1.2.1 发芽箱

光照强度≥1 200 lx，控温范围 10 ℃～40 ℃。

4.1.2.2 发芽盒

透明塑料盒，长×宽×高约为 14 cm×19 cm×5 cm，盖高 8 cm。

4.1.2.3 发芽床

沙床使用的沙粒应大小均匀，沙粒直径为 0.05 mm～0.80 mm，并进行 130 ℃～170 ℃烘干 2 h 消毒。

4.1.3 样品准备

将待测材料种子样品按照 GB/T 3543.3 的规定分取净种子，种子质量应符合 GB 4407.1 的要求，从充分混合的净种子中，随机数取籽粒饱满的棉籽 400 粒，每个重复 100 粒，共 4 次重复。

4.1.4 胁迫溶液配制

将 150 g 聚乙二醇 6000 溶解在 1 000 mL 无离子水中，配成 15%聚乙二醇 6000 高渗溶液。

4.1.5 胁迫培养

按照 GB/T 3543.4 的规定进行发芽试验。胁迫培养的沙床每 100 g 干沙加入 15% 聚乙二醇 6000 水溶液 20 mL，搅拌均匀，取适量放入发芽盒铺平（厚度 1.5 cm）。将 4 个重复的供试种子分别均匀地摆放于铺平的沙床，用平底器皿镇平种子，使其一半埋入沙中，其上再盖一层厚 1 cm 的湿沙，铺平抹匀，加发芽盒盖后置入 30 ℃的光照培养箱内，待子叶露出沙面后开始每天进行 8 h 的光照。

4.1.6 对照培养

对照沙床每 100 g 干沙加入无离子水 20 mL，其余按 4.1.5 的规定执行。

4.1.7 性状调查

置床培养 12 d，调查发芽种子数。对照的初次计数天数为 4 d，末次计数天数为 12 d，每次计数时统计正常幼苗数，按照 GB/T 3543.4 的规定确定正常幼苗，统计结束时拔出正常幼苗。胁迫培养可于第 12 d 一次计数。

4.1.8 相对发芽率

按式（1）计算相对发芽率（GI）。

$$GI=\frac{G_{DS}}{G_{CK}}\times 100 \quad \cdots\cdots\cdots\cdots\cdots\cdots\cdots\cdots \quad (1)$$

式中：

GI——相对发芽率，单位为百分号（%），结果保留1位小数；

G_{DS}——干旱胁迫处理下4个重复的平均发芽率，单位为百分号（%）；

G_{CK}——对照处理下4个重复的平均发芽率，单位为百分号（%）。

4.2 苗期抗旱性鉴定

4.2.1 鉴定原理

将供试材料播种于旱棚内，3次重复，从3叶期开始干旱胁迫，当土壤含水量降低到3%时，停止胁迫进行复水，反复3次，第3次浇水7 d后调查存活的苗数，以相对存活率评价棉花的抗旱性。

4.2.2 试验准备

加装移动式防雨棚的封底水泥池，以池长16 m～20 m、内宽1.8 m～2.0 m、深0.25 m～0.30 m为宜，池内铺0.25 m厚的无菌沙壤土或当地有代表性的棉田土。

4.2.3 试验设计

各供试品种随机排列，每10行设一个对照种子行，3次重复。行距15 cm，株距6 cm～8 cm，行长100 cm。

4.2.4 播种温度

5 cm地温稳定通过12 ℃时播种。

4.2.5 播种

播种前浇水，使土壤含水量达到田间持水量的70%～80%，棉种用55 ℃～60 ℃的温水浸泡30 min。

4.2.6 定苗并计数

当棉苗生长至2片～3片真叶时定苗并计数，定苗后每行有效苗不应少于10株。

4.2.7 干旱胁迫-复水处理

定苗后开始进行干旱胁迫处理。当土壤含水量降低到3%时，浇水至有明显积水为止，使棉苗恢复正常生长。第一次复水后即停止供水，进行第二次干旱胁迫，当土壤含水量再次降低到3%时，第二次浇水至有明显积水为止，如此反复3次。

4.2.8 调查统计

4.2.8.1 调查

第三次浇水后 7 d，调查各供试材料的存活苗数，以生长点呈鲜绿色者为存活苗。

4.2.8.2 相对存活苗率

存活苗率按式（2）计算。

$$P=\frac{M}{N}\times 100 \quad \cdots\cdots\cdots\cdots (2)$$

式中：

P——存活苗率，单位为百分号（%），结果保留 1 位小数；

M——存活苗数，单位为株；

N——总苗数，单位为株。

相对存活苗率按式（3）计算。

$$LP=\frac{P_{DS}\times 0.5}{P_{CK}}\times 100 \quad \cdots\cdots\cdots\cdots (3)$$

式中：

LP——相对存活苗率，单位为百分号（%），结果保留 1 位小数；

P_{DS}——待测品种存活苗率，单位为百分号（%）；

P_{CK}——对照存活苗率，单位为百分号（%）。

【内容解读】

苗期抗旱性鉴定在旱棚进行，采用 3 次干旱胁迫-复水法，考察性状为相对存活苗率。苗期抗旱鉴定参考《农作物种质资源鉴定评价技术规范 棉花》(NY/T 2323—2013)“附录 D 棉花种质资源抗旱性评价技术规范”和《棉花抗旱性鉴定技术规范》(DB14/T 1359—2017) 确定。

两项标准的相同点是：均从 3 叶期开始停止供水，开始进行干旱胁迫，反复 3 次。

两项标准的区别有两点：一是复水前对土壤含水量的要求不同。前者是当土壤含水量降低到 3%时，停止胁迫，复水；后者是当土壤含水量降低到 8.5%时，停止胁迫，复水。二是调查次数不同。前者是最后一次复水后 7 d 调查存活的苗数，用相对存活苗率来评价棉花抗旱性。后者是每次复水 72 h 后调查存活苗数，用 3 次存活苗率的平均值来评价棉花抗旱性。

刘金定等（1996）在形态学研究和大量棉花种质材料抗旱性鉴定的基础上，提出 3%作为耐旱鉴定中土壤含水量的下限。中国农业科学院棉花研究所抗逆鉴定课题组长期以来一直利用《农作物种质资源鉴定评价技术

规范 棉花》(NY/T 2323—2013)“附录 D 棉花种质资源抗旱性评价技术规范”中的方法，对棉花种质资源的抗旱性进行鉴定，结果可靠。

本标准从简单易行、提高效率的角度考虑，采用“棉花种质资源抗旱性评价技术规范”的方法，最后一次复水后 7 d 调查存活的苗数，用相对存活苗率来评价棉花抗旱性。

【标准原文】

4.3 全生育期抗旱性鉴定

4.3.1 试验设计

全生育期抗旱性鉴定在旱棚进行。随机排列，3 次重复，小区面积 4 m^2。

4.3.2 胁迫处理

播种前浇水，使土壤含水量达到田间持水量的 70%～80%。播种后试验地应防止自然降水进入，在蕾期和花铃期分别灌水 1 次，使 0 cm～50 cm 土层水分达到田间持水量的 70%～80%。

4.3.3 对照处理

在旱棚外邻近的试验地设置对照试验。试验地的土壤养分含量、土壤质地和土层厚度等应与旱棚一致。田间水分管理要保证棉花全生育期处于水分适宜状况，播种前土壤墒情应保证出苗，表墒不足时应适量灌水。在蕾期、盛花期和花铃期分别灌水 1 次，使 0 cm～50 cm 土层水分达到田间持水量的 70%～80%。

4.3.4 样品准备

从充分混合的净种子中，随机数取籽粒饱满的棉籽≥300 粒。

4.3.5 播种

5 cm 地温连续稳定通过 12 ℃时播种。棉种用 55 ℃～60 ℃的温水浸种 30 min。均采用等行距穴播，每穴 2 粒，行距 60 cm，株距 25 cm，播种深度 3 cm。

4.3.6 考察性状

棉花吐絮后及时采摘，测定各小区籽棉产量。

4.3.7 抗旱指数

抗旱指数按式（4）计算。

$$DRI=\frac{Y_a^2\times Y_M}{Y_m\times Y_A^2} \qquad \cdots\cdots (4)$$

式中：

DRI——待测品种的抗旱指数，结果保留 2 位小数；

Y_a——待测品种干旱处理下的籽棉产量，单位为千克每公顷（kg/hm²）；

Y_M——对照品种对照处理下的籽棉产量，单位为千克每公顷（kg/hm²）；

Y_m——待测品种对照处理下的籽棉产量，单位为千克每公顷（kg/hm²）；

Y_A——对照品种干旱处理下的籽棉产量，单位为千克每公顷（kg/hm²）。

【内容解读】

（1）鉴定指标的选择。景蕊莲等（1999）提出，抗旱基因型的筛选必须考虑产量和抗旱系数两个标准，并提出用抗旱系数作为衡量抗旱性的指标，而抗旱指数弥补了抗旱系数的部分不足。冀天会等（2006）试验表明，生理生化指标受环境影响较大，只是间接地反映作物的抗旱性，需多个指标综合评价作物抗旱性，认为产量指标是对于评价以实现经济产量为目的的作物必须考虑的指标。刘鹏鹏等（2014）指出，棉花的抗旱性作为多因素控制的复杂性状，在做抗旱性评价时，应通过生理指标、形态指标及产量指标多指标、多角度地深入结合评价棉花种质资源的抗旱性，可增加评价结果的可靠性。

由于棉花生产的最终目标是收获较高的籽棉和皮棉产量，因此产量就成为全生育期的抗旱性鉴定指标。

（2）棉花全生育期抗旱性鉴定标准。参照《小麦抗旱性鉴定评价技术规范》(GB/T 21127—2007)、《节水抗旱稻抗旱性鉴定技术规范》(NY/T 2863—2015)、《油菜抗旱性鉴定技术规程》(NY/T 3058—2016)、北京市地方标准《大豆品种抗旱性鉴定方法及评价》(DB11/T 720—2010)、河北省地方标准《玉米抗旱性鉴定技术规范》(DB13/T 1282—2010)，本标准采用抗旱指数作为全生育期的抗旱性鉴定指标。

2.6 判定规则

【标准原文】

5 判定规则

5.1 棉花种子萌发期抗旱性判定

棉花种子萌发期抗旱性判定见表1。

表 1 棉花种子萌发期抗旱性判定

级 别	相对发芽率,%	抗旱性分级
1	≥90.0	极强
2	75.0～89.9	强
3	50.0～74.9	中等
4	<50.0	弱

5.2 棉花苗期抗旱性判定

棉花苗期抗旱性判定见表 2。

表 2 棉花苗期抗旱性判定

级 别	相对存活率,%	抗旱性分级
1	≥90.0	极强
2	75.0～89.9	强
3	50.0～74.9	中等
4	<50.0	弱

5.3 棉花全生育期抗旱性判定

棉花全生育期抗旱性判定见表 3。

表 3 棉花全生育期抗旱性判定

级 别	抗旱指数,%	抗旱性分级
1	≥1.20	极强
2	1.10～1.19	强
3	0.90～1.09	中等
4	≤0.89	弱

【内容解读】

棉花抗旱性鉴定方法各有特点，主要表现如下。

（1）种子萌发期鉴定方法属于间接鉴定棉花抗旱性，具有鉴定速度快、质量高、批量大的特点，适用于对大批量棉花品种资源的抗旱性筛选。

（2）幼苗反复干旱鉴定方法简单易行而且经济，结果比较可靠，是大批量鉴定品系苗期抗旱性的有效方法。

（3）棉花全生育期鉴定符合生产实际，评价更可靠，但周期长，成本高，且年份和气候的变化影响较大，只能在材料较少时采用。

可以根据试验目的分别采用，也可共同使用。建议在进行品种审定时，将全生育期旱棚鉴定法、幼苗反复干旱鉴定方法及种子萌发期鉴定方法相结合，综合评定各生育期的抗旱性，从而提高抗旱鉴定的可靠性和科学性。

第三章 《棉花耐渍涝性鉴定技术规程》解读

棉花是耐旱作物，对渍涝灾害影响较敏感。渍涝灾害是长江中下游棉区常见的自然灾害，尤其在播种至成铃期间，渍涝灾害对棉花产量和品质影响最大；而这个时期长江下游地区经常遇到暴雨和连阴雨气候，渍涝持续时间长，导致棉花生长发育不良，单株成铃数减少，各种病虫害危害加重，影响了棉花的正常生长发育以及产量形成，造成棉花减产。特别是长江流域棉区，棉花常年发生渍涝灾害的面积占植棉面积的50%以上。渍涝灾害成为这些地区棉花高产稳产的重要限制因子。

耐渍涝性是一个受多种因素影响的、复杂的数量性状，不同的渍害处理条件、处理时间以及不同的棉花发育时期均影响耐渍性的鉴定结果。目前，国内外有不同的耐渍性鉴定办法，但缺乏一个统一、快速、准确、有效的标准。制定切实可行且通用的有效鉴定棉花品种耐渍性的技术规程显得尤为迫切，通过此标准的制定和实施，为育种者获得耐渍涝性强的资源新材料提供有效的鉴定方法，为生产上筛选出耐渍涝性强的棉花新品种打下基础。

根据农业部农财发〔2017〕38号文件，由安徽省农业科学院棉花研究所主持承担《棉花耐渍涝性鉴定技术规程》的制定工作。在前期研究的基础上，进行了广泛的调查研究和试验验证，按照标准编写的要求，按照《标准化工作导则　第1部分：标准的结构和编写》(GB/T 1.1—2009) 规定，参考《油菜耐渍性鉴定技术规程》(NY/T 3067—2016) 等标准，制定了《棉花耐渍涝性鉴定技术规程》(NY/T 3567—2020)。

3.1　前言

【标准原文】

前　　言

本标准按照 GB/T 1.1—2009 给出的规则起草。

本标准由农业农村部种植业管理司提出并归口。

本标准负责起草单位：安徽省农业科学院棉花研究所、中国农业科学院棉花研究所、安徽中棉种业长江有限责任公司。

本标准参与起草单位：南京农业大学、安徽省农业技术推广总站、宇顺高科种业股份有限公司。

本标准主要起草人：郑曙峰、徐道青、刘小玲、陈敏、唐淑荣、周治国、阚画春、王维、杨代刚、黄群、周关印、朱烨倩、王发文、陆许可、马磊。

【内容解读】

《棉花耐渍涝性鉴定技术规程》(NY/T 3567—2020) 由农业农村部种植业管理司提出并归口，于 2018 年由农业农村部立项，由安徽省农业科学院棉花研究所、中国农业科学院棉花研究所、安徽中棉种业长江有限责任公司、南京农业大学、安徽省农业技术推广总站、宇顺高科种业股份有限公司等单位起草，2019 年完成制定，2020 年 3 月 20 日由农业农村部发布，2020 年 7 月 1 日实施。

3.2 范围

【标准原文】

1 范围

本标准规定了棉花耐渍涝性鉴定的供试样品、鉴定方法和基本规则。

本标准适用于棉花品种及种质资源的耐渍涝性鉴定。

【内容解读】

本部分主要说明标准的主要内容和适用范围。本标准规定了棉花品种和种质资源的耐渍涝性鉴定方法及判定规则，包括室内发芽出苗期耐渍涝性方法及判定规则、田间盛蕾期耐渍涝性鉴定方法及判定规则。本标准适用于棉花品种及种质资源的耐渍涝性鉴定。

3.3 规范性引用文件

【标准原文】

2 规范性引用文件

下列文件对于本文件的应用是必不可少的。凡是注日期的引用文件，仅注日期的版本适用于本文件。凡是不注日期的引用文件，其最新版本（包括所有的修改单）适用于本文件。

GB/T 3543.4　农作物种子检验规程　发芽试验

GB 4407.1　经济作物种子　第1部分：纤维类

NY/T 1385—2007　棉花种子快速发芽试验方法

3.4　术语和定义

【标准原文】

3　术语和定义

下列术语和定义适用于本文件。

3.1

耐渍涝性　waterlogging tolerance

作物在渍涝害胁迫下，其生长发育、形态建成、产量和品质形成对渍涝害的耐受能力。

3.2

光子　delinted seed

经脱绒并精选后的棉籽。

3.5　供试样品

【标准原文】

4　供试样品

供鉴定的棉花种子应为光子，质量应符合 GB 4407.1 的要求。

3.6　鉴定方法

【标准原文】

5　鉴定方法

5.1　室内发芽出苗期耐渍涝性鉴定

5.1.1　取样

选用精选后棉种作为供试样品。每个供试样品随机取 400 粒，以 50 粒为 1 次重复。

5.1.2 材料准备

发芽器皿：塑料杯尺寸以底部直径 6 cm、上部直径 8 cm、深 8 cm 为宜。发芽器皿底部开直径 3 mm 左右的小孔 5 个。

纱布：数量与发芽器皿数量相同，形状尺寸与发芽器皿底部相同。

塑料盆：尺寸以长 60 cm、宽 45 cm、深 15 cm 为宜。

5.1.3 种子、材料消毒

供试棉花种子、发芽器皿、纱布用 10%过氧化氢消毒 15 min～20 min，再用蒸馏水漂洗 4 次～5 次。用细筛筛取直径 0.5 mm～2.0 mm 的细沙，清洗干净后用高压灭菌锅（103.4 kPa，121.3 ℃）灭菌 15 min～20 min。

5.1.4 装沙

将纱布放在发芽器皿底部，再在发芽器皿里装上消过毒的细沙，每个发芽器皿装沙量应基本相同，为发芽器皿容积的 2/3 处。

5.1.5 播种

在发芽器皿中播种，每个供试棉种播 400 粒。

5.1.6 淹水处理

将其中播好 200 粒种的发芽器皿摆放在平底大塑料盆中，再向大塑料盆中灌水，至水面高于塑料杯或发芽盒中沙面 1 cm 为止，并每天换水，以防止棉种腐烂影响试验结果。淹水 6 d 后，排干水分，之后按正常发芽试验要求管理。

5.1.7 对照处理

将另一份播好 200 粒种的样品按 GB/T 3543.4 的要求做发芽试验，作为对照。

5.1.8 温湿度控制

将淹水处理和对照的发芽器皿同时放置光照培养箱中，培养箱温度设为 28 ℃，湿度设为 80%RH，光照度设为 1 250 lx 的，每天光照 12 h。

5.1.9 重新试验

按 NY/T 1385—2007 中 6.8 的规定执行。

5.1.10 结果计算

每个重复以 50 粒计，其余按 NY/T 1385—2007 第 7 章的规定执行。

试验 15 d 调查出苗率，将供试样品 i 淹水处理种子出苗率记为 a_i，不淹水处理（对照）出苗率记为 b_i。

耐渍涝指数（x_i）按式（1）计算。

$$x_i = a_i / b_i \times 100 \quad \cdots\cdots\cdots\cdots (1)$$

式中：

x_i——供试样品 i 的耐渍涝指数，单位为百分号（%）；

a_i——供试样品 i 淹水处理的出苗率，单位为百分号（%）；

b_i——供试样品 i 不淹水处理的出苗率，单位为百分号（%）。

5.1.11 鉴定标准

以耐渍涝指数评价棉花发芽出苗期耐渍涝性，分级见表1。

表1 棉花室内发芽出苗期耐渍涝性分级

级　别	耐渍涝指数（x），%	耐渍涝性
Ⅰ	$x \geqslant 50.0$	高耐渍涝
Ⅱ	$30.0 \leqslant x < 50.0$	耐渍涝
Ⅲ	$10.0 \leqslant x < 30.0$	低耐渍涝
Ⅳ	$x < 10.0$	不耐渍涝

【内容解读】

（1）鉴定时期的选择。前人在作物耐渍涝鉴定与评价方面做了大量研究。佟汉文等认为，采取多个生育阶段渍水处理，可以避免不同长短生育期种质对鉴定结果的影响。农作物生产的目的是收获较高的产量，因此，田间耐渍性鉴定指标多基于产量；以作物产量为鉴定指标可用于后期耐渍品种的筛选与鉴定，但不适用于大量种质资源的筛选。作物耐渍性的鉴定多集中在对照（正常管理）和渍害处理之间性状的差异表现，常用耐渍指数a=处理值/对照值×100%或相对受害率 $RIR=1-a$ 表示。前人还根据渍涝灾害相对受害率对芝麻发芽期、油菜苗期等进行了耐渍涝性等级划分。

安徽省农业科学院棉花研究所开展了棉花耐渍涝性鉴定技术系统研究工作，从棉花播种出苗期、苗期、盛蕾期、盛铃期等生育时期进行渍涝胁迫研究。结果表明，棉花各生育时期受渍涝胁迫，发芽率、株高生长量、叶片数等指标与对照相比均出现下降，并随渍涝胁迫加重而加剧。

根据预备试验结果，在人工气候室内对不同耐涝性棉花品种进行苗期（3叶1心期）渍涝胁迫研究。结果显示，苗期淹水30 d后，各品种株高生长量、叶片数、单株干物质等指标均比对照下降，其中干物质均减少到对照的65%左右，但各品种间差异不大，重复间指标表现不稳定。这可能与室内苗期的生长量较小有关。因此，棉花苗期耐渍涝性鉴定误差较大。

根据预备试验结果，选取9个不同耐渍涝性棉花品种分别开展了盛蕾期、盛铃期渍涝胁迫田间试验。对盛铃期淹水20 d各品种数据分析，株高生长量、果枝数、单铃重及籽棉产量等指标与对照相比均有所下降，但此时期棉花基本成熟，淹水胁迫对棉花生长影响较小，特别是籽棉产量均能达到对照的80%以上。盛蕾期为棉花产量形成的关键时期，棉花营养生长与生殖生长均较旺盛，棉花株高生长量、叶片数、叶面积指数、SPAD、单株生物量与对照相比下降明显，并随淹水时间增加而加剧；其中淹水10 d后，籽棉产量仅有1个品种高于对照的60%，且品种间差异明显。结果表明，盛蕾期为棉花生长渍涝胁迫敏感时期。

刘为举研究认为，播种至苗期的阴雨冷害型渍涝造成棉苗素质差。长期低温阴雨导致播后闷种、烂种现象严重，且出苗迟缓。张阳等认为，棉花遭受渍涝胁迫时间过长，将会破坏氧化酶系统的平衡，植株体内有害物质活性氧、丙二醛含量上升，细胞膜受到伤害，影响棉花生长发育。研究发现，棉花遭受渍涝胁迫后，株高、倒四叶叶片SPAD、叶面积、总果节数、单铃重、单株成铃数、籽棉产量等形态和产量指标均将下降，随着渍涝胁迫程度的加重，各指标进一步降低。唐薇等对棉花不同生育期遭受渍涝胁迫分析，发现受渍涝胁迫影响最大的时期为蕾花期。

根据以上分析，棉花耐渍涝性鉴定适宜时期为发芽出苗期和盛蕾期。

(2) 室内发芽出苗期耐渍涝性鉴定条件与方法。

① 试验设计。材料为预备试验选取的耐渍涝性各异的不同基因型棉花品种6份；试验在人工气候室内进行。

设置棉花种子淹水处理（滤纸完全淹没在水中40 h）和对照（正常水分管理），各品种选用健壮、饱满、一致性好的种子600粒，用10%过氧化氢消毒15 min，蒸馏水漂洗4次；分别均匀地摆放在滤纸上并裹扎好，淹水与对照处理各设3次重复。种子培养40 h后，调查统计各处理的棉种露白率。

各品种选用健壮、饱满、一致性好的种子600粒，淹水与对照处理各重复10次。将种子、细沙、塑料杯（内径12 cm，深度10 cm）用10%过氧化氢消毒15 min，蒸馏水漂洗4次。人工气候室温度为28 ℃，每天光照12 h，光照度设为1 250 lx。淹水时间分别为2 d、4 d、6 d、8 d和对照（正常水分处理）。采用塑料杯播种出苗，杯底开5个大小均匀小孔，铺上纱布，保持漏水不漏沙。细筛筛选直径为0.5 mm～2 mm的细沙，用水冲洗干净，采用高压灭菌锅（103.4 kPa，121 ℃）灭菌15 min～20 min，冷却后将等量细沙装入小塑料杯中，进行播种。将播种好的塑料杯整齐摆放于平底大塑料盆（长×宽×高=600 mm×450 mm×120 mm）中，再置于人工气候室。淹水处理：大塑料盆中水分浸没塑料杯中细沙，使种子完全浸没于水体中（模拟田间极端渍涝情形），每24 h换水1次。对照处理正常水分管理，每天浇水。于播种后的 7 d、10 d、15 d 及 20 d 分别测定种子出苗率。

根据出苗率或露白率计算耐渍涝指数 a=处理/对照×100%。

② 结果分析。

A. 人工气候室渍涝处理对棉种室内露白率的影响。种子发芽出苗前，会吸取足够水分，促进胚根露出种壳。棉种大约播种 40 h 后胚根露尖。分析不同品种在正常水分管理条件下的露白率，各品种露白率均在75%以上，最高的为锦棉 3 号、徐棉 21，均高于 90%；M11 最低，并与徐棉 21、锦棉 3 号达显著差异。淹水胁迫后，锦棉 3 号、SCH35 露白率低于 75%，并与陆 92－6 达显著差异；陆 92－6、M11 两品种露白率高于对照。通过试验比较，渍涝胁迫下棉花种子的露白率与对照相比表现不一，高于或低于对照均有发生，渍涝胁迫对棉种露白率的影响无规律，不能作为棉花耐渍涝性鉴定指标和方法。

B. 人工气候室内不同渍涝胁迫程度对棉种出苗率的影响。各品种对照处理一般在播种 7 d 后基本能达到最大出苗率；而通过渍涝胁迫，除 2 d 处理外，其他淹水处理出苗很少，出苗率均低于 3.5%。随着时间推移，各淹水处理逐渐出苗，观察调查播种后 7 d、10 d、15 d 及 20 d 的出苗率，各处理 15 d 达到最大出苗率，渍涝胁迫减慢棉种出苗进程。对播种 15 d 后的出苗率进行分析，各品种对照出苗率均在 95%以上，品种间无显著差异；2 d、4 d、8 d 处理各品种间存在差异，但 2 d 处理出苗率接近或高50%品种有 5 个，4 d 处理不能极显著地区分各品种间的差异，8 d 处理各品种间差异显著，但出苗率均低于 25%，难以鉴定筛选出各品种的耐渍涝性；6 d 处理各品种间均存在显著或极显著的差异，出苗率大于 40%的有 1 个品种，30%～40%的有 2 个品种，10%～20%的有 2 个品种，低于10%的品种有 1 个。

以播种后 15 d 出苗率分析各品种的渍耐渍涝性，各品种不同淹水条件下的耐渍涝指数显示，2 d、4 d 两处理各品种最大的耐渍涝指数为72.9，其中小于 50 的仅有 2 个，各品种耐渍涝指数比较集中；8 d 处理各品种耐渍涝指数均低于 25，不能很好地区分各品种的耐渍涝性差异；6 d 处理的各品种耐渍涝指数最大的为 45.8，最小的为 5.0，耐渍涝指数介于20～30、10～20 的品种各有 2 个，小于 10 的 1 个。结果表明，淹水 6 d 能较好地体现各品种间的耐渍涝性差异。同时，对第一批鉴定的 55 个品种或资源进行渍水（保持平底大塑料盆水深 1 cm 以上）、淹水 6 d 处理耐渍涝指数相关性分析，其相关系数为 0.85，达极显著相关。

综上所述，渍涝害胁迫对棉种露白率影响较小，以棉种露白率为耐渍涝性鉴定指标不适宜；而在播种出苗期进行耐渍涝性鉴定时如果淹水时间过短，无法区分中等耐渍涝和强耐渍涝棉花品种；淹水时间过长，则绝大多数材料均无法出苗，同样不利于对棉花材料进行耐渍涝性等级划分。对55个品种的渍水、淹水耐渍涝指数相关性分析，并结合实际操作，渍水时间6 d、播种15 d后的相对出苗率为耐渍涝指数，可体现各品种间的耐渍涝性差异，为棉种播种出苗期最佳鉴定方法和鉴定条件。

③ 棉花室内发芽出苗期耐渍涝性分级标准。根据棉花种子在淹水后的出苗率，选择其与相应对照的出苗率比较，以相对出苗率为耐渍涝鉴定指标进行棉花品种室内耐渍涝性鉴定。鉴定级别分为4级，即高耐渍涝（耐渍涝指数≥50.0%）、耐渍涝（30.0%～50.0%）、低耐渍涝（10.0%～30.0%）、不耐渍涝（<10.0%）。

④ 供试样品发芽出苗期耐渍涝性多批次重复论证。根据对收集品种的鉴定结果，选取耐渍涝性各异的棉花品种或资源共6份对本鉴定方法进行多批次验证，各供试样品鉴定级别一致，说明本耐渍涝性鉴定方法稳定可靠。

【标准原文】

5.2 田间盛蕾期耐渍涝性鉴定

5.2.1 试验地选择

在渍涝易发地区随机选取棉麦或棉油接茬种植的棉田，肥力中等，地力均匀。

5.2.2 试验池开挖

在试验地中至少开挖2个试验池，四周池埂高于厢面30 cm以上，并确保进行淹水处理时四周不渗水、不漏水，不进行淹水处理时灌排水通畅。

5.2.3 试验处理

各个供试样品在2个试验池中均种3次重复，每个重复密度相同且不少于15株，随机区组排列，试验池四周种3行棉花作为保护行。5月中旬直播，密度大于37 500株/hm^2为宜。

在棉花盛蕾期，对其中一个试验池棉花进行淹水处理，以水面超过厢面5 cm为标准，淹水10 d，淹水处理结束后，及时排出水分，按正常水分管理；另一个试验池的棉花全生育期均按正常水分管理，作为对照。

5.2.4 试验管理

除淹水处理外，其他管理同当地棉花大田生产。

5.2.5 结果计算

在棉花吐絮后及时采摘，统计各小区产量。

供试样品 i 淹水处理籽棉产量记为 a_i，不淹水处理（对照）籽棉产量记为 b_i。

耐渍涝指数（x_i）按式（2）计算。

$$x_i = y_i / z_i \times 100 \quad \cdots\cdots\cdots\cdots (2)$$

式中：

y_i——供试样品 i 淹水处理的籽棉产量，单位为千克每公顷（kg/hm^2）；

z_i——供试样品 i 不淹水处理的籽棉产量，单位为千克每公顷（kg/hm^2）。

5.2.6 鉴定标准

以耐渍涝指数评价棉花田间盛蕾期耐渍涝性，分级见表 2。

表 2 棉花田间盛蕾期耐渍涝性分级

级别	耐渍涝指数（x），%	耐渍涝性
Ⅰ	$x \geqslant 65.0$	高耐渍涝
Ⅱ	$55.0 \leqslant x < 65.0$	耐渍涝
Ⅲ	$45.0 \leqslant x < 55.0$	低耐渍涝
Ⅳ	$x < 45.0$	不耐渍涝

【内容解读】

盛蕾期是棉花产量形成的关键时期，也是棉花渍涝灾害敏感期。农作物生产的目的是收获较高的产量，因此，产量是评价棉花耐渍涝性的最有效最直接的指标。

（1）试验设计。试验在安徽省农业科学院棉花研究所安庆试验基地内开展，采用田间场圃法，人工开挖种植池（长×宽＝30 m×25 m）2 个，土壤为沙壤土，肥力中等；试验材料为室内试验中选取的高产强耐渍涝品种 7 个、对照不耐渍涝品种 2 个，共 9 个不同耐渍涝性棉花品种；裂区设计，主区为盛蕾期淹水 10 d（水高于土面 5 cm，淹水结束后排干明水）、20 d 渍涝处理和正常水分管理；副区为品种，9 个，每个品种 60 株，3 行区；种植密度约 2 500 株/667 m^2，设置 3 次重复。四周开沟，以便排水，保证主区间互不受水分处理影响。淹水结束后，排干明水；其他田间管理均与当地棉花种植管理一致。耐渍涝指数 a＝处理/对照×100。

（2）结果分析。棉花吐絮后，对各处理小区分别进行籽棉采收晒干（含水量≤12%），称量产量，分析各品种淹水处理与对照间产量变化。对各品种淹水 10 d 的产量分析，耐渍涝指数大于 65%的 1 个，60%～65%的 5 个，小于 45%的 2 个品种；淹水 20 d 各品种籽棉产量与对照比较，仅 1 个品种耐渍涝指数高于 35%，为 35.9%，各品种籽棉产量严重下降，基本绝收，淹水程度较重，不利于棉花耐渍涝鉴定。因此，棉花盛蕾期淹水 10 d 可作为棉花田间鉴定的淹水条件，此条件下不同品种间籽棉产量差异明显。

(3) 棉花盛蕾期耐渍涝性鉴定条件与方法验证。两年的验证试验结果可以看出，室内试验所选取的 7 个耐渍涝品种与 2 个渍涝敏感品种均达极显著差异；淹水后籽棉产量影响较小的为品种太 D5，耐渍涝指数均在 65%以上；影响最大的为品种荆杂棉 88F_1，两年耐渍涝指数分别为 39.1%、35.2%，表现为极不耐渍涝。

(4) 棉花田间盛蕾期耐渍涝性鉴定分级标准。根据棉花品种田间蕾花期淹水 10 d 后的籽棉产量，选择其与相应对照的产量比较，以相对产量为耐渍涝鉴定指标进行棉花品种田间蕾花期耐渍涝性鉴定，分为 4 级，即高耐渍涝（耐渍涝指数≥65.0%）、耐渍涝（55.0%～65.0%）、低耐渍涝（45.0%～55.0%）、不耐渍涝（<45.0%）。

3.7 基本规则

【标准原文】

6 基本规则

根据试验条件，鉴定大批量样品时，宜采用室内发芽出苗期鉴定；鉴定小批量样品时，可采用室内发芽出苗期鉴定和田间盛蕾期鉴定相结合，以田间盛蕾期鉴定结果为准。

【内容解读】

研究结果显示，对各供试样品进行田间蕾花期和室内播种出苗期耐渍涝性分析，两者间耐渍涝指数达极显著相关，两种不同的鉴定方法具有较好的一致性。这表明生长发育的前期和后期均能有效地对棉花耐渍涝性进行鉴定，为筛选棉花耐渍涝性种质资源以及育种定向选择提供了技术和方法。

第四章 《棉花耐盐性鉴定技术规程》解读

土壤盐渍化是世界性的难题。由于世界上大量盐碱地和盐渍化土壤的存在，使得大量耕地难以利用。据统计，全球盐碱地面积目前超过 8.0 亿 hm^2，占全部土地面积的 6%。我国现有盐碱地近 0.27 亿 hm^2，约占可耕地面积的 25%，面积仅次于澳大利亚、墨西哥、阿根廷，位居世界第四位。同时，受气候及人为因素的影响，又有大量耕地出现次生盐渍化，土壤盐渍化不断加剧，制约了农业的可持续发展，给农业生产安全带来极大威胁。因此，充分开发利用盐碱地资源、种植经济价值较高的耐盐作物是当前盐碱地农业生产的必然趋势。

我国是世界上盐碱地植棉规模最大的国家之一，随着耕地面积的减少，棉花种植逐渐向盐碱地集中，如黄河流域棉区山东东营等黄河滩涂盐碱地棉田，长江流域棉区江苏盐城等盐碱较为严重的棉田，目前占全国棉花面积 50%以上的新疆棉区，土壤盐碱化尤为严重。可以说，盐碱地集中分布的区域也是我国最重要的棉花产区。尽管棉花是一种耐盐能力较强的作物，有着盐渍土区“先锋作物”的称号，但盐碱地高浓度的盐分仍然是制约棉花产量提高和品质提升的主要因子。棉花幼苗期对盐分尤其敏感，极易遭受土壤中盐分的危害，造成出苗差、成苗率低、缺苗断垄严重等现象。提高和改良棉花品种的耐盐碱能力，对盐碱地棉花的生产和发展具有重要的意义，是未来实现粮棉双丰收的重要途径。耐盐性棉花品种选育的关键是进行耐盐性鉴定，选择合适的耐盐性鉴定指标则是进行棉花耐盐育种和耐盐机理研究的基础。

关于棉花耐盐性鉴定国内外已有较多报道，也筛选出了部分耐盐性品种。但是，研究者采用的鉴定指标和方法并不一致，有采用芽长和芽重作为耐盐鉴定指标，有采用相对出苗率、苗期相对株高、相对叶面积作为耐盐性鉴定指标，有采用棉花叶片总面积和叶片鲜重减少的百分数作为耐盐鉴定指标，有采用脯氨酸含量作为耐盐性鉴定指标，也有采用生理学、生物化学、细胞学等手段，研究作物盐胁迫过程中相关因子的变化，以一个或多个因子为指标来衡量棉花的耐盐性。鉴定时期有采用萌发出苗期、花芽分化期、现蕾期、初花期。总之，至今没有形成一套准确、可靠、简单、公认、统一的鉴定方法和指标体系。缺乏适合对棉花耐盐性评价的标准体系，已成为棉花耐盐改良的迫切问题，非常不利于大规模鉴定品种资源和对棉花进行抗性评价。因此，迫切需要找到一种快速、准确的棉花品种资源耐盐性鉴定方法，制定出一套准确、可靠、简单、公认、统一的棉花耐盐性鉴定标准，从而能够快速筛选出耐盐性较高的棉花材料，进一步培育出耐盐性高的棉花新品种。

4.1 前言

【标准原文】

前　言

本标准按照 GB/T 1.1—2009 给出的规则起草。

本标准由农业农村部种植业管理司提出并归口。

本标准主持起草单位：中国农业科学院棉花研究所、安徽中棉种业长江有限责任公司。

本标准参与起草单位：新疆农业科学院经济作物研究所、河南省种子管理站、新疆维吾尔自治区种子管理总站、安徽省农业科学院棉花研究所。

本标准主要起草人：王延琴、陆许可、匡猛、马磊、王俊娟、金云倩、王俊铎、周大云、方丹、徐双娇、唐淑荣、王爽、荣梦杰、张文玲、高翔、蔡忠民、黄龙雨、吴玉珍、周关印、郑巨云、梁亚军、龚照龙、徐道青、刘小玲。

【内容解读】

《棉花耐盐性鉴定技术规程》（NY/T 3535—2020）由农业农村部种植业管理司提出并归口，于 2018 年由农业农村部立项，由中国农业科学院棉花研究所、安徽中棉种业长江有限责任公司、新疆农业科学院经济作物研究所、河南省种子管理站、新疆维吾尔自治区种子管理总站、安徽省农业科学院棉花研究所等单位起草，2019 年完成制定，2020 年 3 月 20 日由农业农村部发布，2020 年 7 月 1 日实施。

4.2 范围

【标准原文】

1 范围

本标准规定了棉花耐盐性鉴定方法及判定规则。

本标准适用于棉花品种及种质资源的耐盐性鉴定。

【内容解读】

本部分主要说明标准的主要内容和适用范围。本标准规定了棉花耐盐性鉴定方法及判定规则，包括种子萌发期耐盐性鉴定及判定规则、苗期耐盐性鉴定方法及判定规则、全生育期耐盐性鉴定方法及判定规则。本标准适用于棉花品种及种质资源的耐盐性鉴定。

4.3 规范性引用文件

【标准原文】

2 规范性引用文件

下列文件对于本文件的应用是必不可少的。凡是注日期的引用文件，仅注日期的版本适用于本文件。凡是不注日期的引用文件，其最新版本（包括所有的修改单）适用于本文件。

GB 4407.1　经济作物种子　第1部分：纤维类

GB/T 3543.3　农作物种子检验规程　净度分析

GB/T 3543.4　农作物种子检验规程　发芽试验

4.4 术语和定义

【标准原文】

3 术语和定义

下列术语和定义适用于本文件。

3.1

耐盐性　salt tolerance

作物在盐胁迫下，其生长发育、形态建成及产量形成对于盐害的耐受能力。

3.2

发芽率 germination percentage

在规定的条件和时间内长成的正常幼苗数占供检种子数的百分率。

3.3

相对发芽率 relative germination percentage

同一品种盐胁迫处理的发芽率与对照处理的发芽率的百分比。

3.4

耐盐校正品种 adjusting variety of salt tolerance

用于校正非同批待测材料耐盐性鉴定结果的标准品种。

3.5

耐盐指数 salt tolerance index

以籽棉产量为依据，以对照品种作为比较标准，判定待测材料耐盐性的指标。

4.5 鉴定方法

【标准原文】

4 耐盐性鉴定方法

4.1 种子萌发期鉴定

4.1.1 鉴定原理

种子萌发期耐盐性鉴定采用1.5%的NaCl水溶液对种子进行盐分胁迫处理，以去离子水作为对照。沙床培养12 d，以相对发芽率表示棉花耐盐性。

【内容解读】

(1) 鉴定时期的选择。在棉花品种耐盐鉴定方面，前人已进行过许多研究。研究表明，萌发出苗和幼苗阶段是棉花对盐分最敏感的时期，也是对棉花材料进行耐盐性鉴定的关键时期。在萌发期，盐分胁迫影响棉花种子吸水膨胀，延缓发芽时间、降低发芽率、限制下胚轴和根的伸长，且盐浓度越大，胁迫程度越严重。严根土等研究指出，棉花耐盐性以萌发出苗时期最小，总体上随着棉花的生长而不断提高，但在蕾期、初花期渐趋下降，至开花结铃盛期耐盐能力上升为最强。因此，本标准选用萌发期和苗期作为棉花耐盐性鉴定的最佳时期。

(2) 萌发期耐盐性鉴定。

① 鉴定指标的选择。关于棉花耐盐性鉴定指标国内外已有较多报道，并筛选出了部分抗性品种。但是，研究者采用的鉴定指标并不一致。

孙小芳等（2011）采用盐化土壤盆钵全生育期栽培法，在0、0.15%、0.30%、0.45%、0.60% NaCl胁迫下，比较了13个陆地棉品种的耐盐性，分析了不同鉴定指标间的相互关系。指出相对出苗率、苗期相对株高、相对叶面积是苗期耐盐性鉴定可靠且简易的指标。研究还认为，只有选择各个指标的相对值来评价棉花品种耐盐性，才能消除品种固有差异，真正反映出其耐盐能力的大小。

王秀萍等（2011）以枝棉3号（耐盐对照品种）、鲁棉6号（敏盐对照品种）、邯98-1、邯4849和滨棉6号5个棉花品种为试材，采用盐池原土鉴定法，在0.1%（对照）、0.2%、0.3%、0.4%、0.5%、0.6%、0.7%盐分浓度胁迫下，调查出苗率、株高、叶片数、叶面积、生长速率和叶绿素相对含量等指标，分析不同盐度胁迫处理下各指标相对值的变化情况，以确定棉花苗期耐盐性的鉴定方法和鉴定指标。研究认为，棉花苗期耐盐鉴定的最佳形态指标为相对出苗率、相对株高和相对叶片数。

王桂峰等（2013）综合分析了前人的研究结果，认为由于种子萌发和出苗阶段是棉花对盐分最敏感的时期，室内进行单盐胁迫下的发芽势、发芽率测定成为鉴定棉花品种耐盐性最常用的指标。

综上所述，本标准采用相对发芽率作为萌发期的鉴定指标。

② 盐胁迫浓度的选择。目前，我国还没有耐盐性鉴定的国家标准，在已发布实施的农业行业标准《花生耐盐性鉴定技术规程》（NY/T 3061—2017）和河北省地方标准《棉花耐盐性鉴定评价技术规范》（DB 13/T 1339—2010）中，盐胁迫溶液均采用0.5%的NaCl水溶液。

王桂峰等（2013）研究了50 mmol/L、100 mmol/L、150 mmol/L、200 mmol/L NaCl溶液对5个供试棉花品种相对发芽势和相对发芽率的影响。结果表明，低盐浓度（50 mmol/L相当于0.3%）NaCl胁迫下品种的发芽有一定的促进作用，高盐浓度（150 mmol/L和200 mmol/L）能准确地反映棉花苗期的耐盐性强弱。

王俊娟等（2010）模拟自然盐碱地条件，采用两向分组试验（即两因素交叉分组试验）设计，A因素为盐土浓度，有5个处理；B因素为品种，有2个处理，分别为耐盐的陆地棉品种中9806和盐敏感陆地棉品种TamcotCAB-CS。按NaCl与高温灭菌过的干细沙子的重量比配制浓度分别为0（对照）、0.1%、0.2%、0.3%、0.4%的盐沙土，加灭菌的自来水至含水量达23%，充分拌匀，装在长18 cm、宽15 cm、高10 cm的发芽盒内，铺平压实之后，取中9806和TamcotCAB-CS两个品种健壮的、均匀一致的种子分别种在含盐量不同的沙土里，再加上定量的覆盖土，铺平压紧，加盖保湿。每个处理设3次重复，每重复100粒种子。置入温度为28 ℃和白天有10 h光照的培养箱内，7 d后调查出苗率。结果表明，在盐土含盐量为0.3%时，耐盐品种中9806与盐敏感品种Tamcot-CAB-CS的出苗率差异极显著。结果表明，盐土含盐量为0.3%的出苗率可以用来鉴定棉花萌发期的耐盐性。

张国伟等（2011）选择不同年代黄河流域黄淮棉区和长江流域下游棉区大面积推广的品种为供试材料，包括中棉所17、中棉所44、中棉所102、中棉所103、中棉所177、苏棉22、苏棉12、苏棉15、泗棉3号、美棉33B、科棉1号、科棉4号和德夏棉1号共13个品种，在NaCl胁迫下进行棉花萌发期和苗期耐盐性比较并进行聚类分析。结果表明，150 mmol/L NaCl是进行棉花耐盐性鉴定的适宜盐浓度，发芽率、发芽势、发芽指数、活力指数和鲜质量的盐害系数可以作为棉花萌发期耐盐鉴定指标，株高、叶片伸展速率、地上部干质量、根系干质量、根系活力和净光合速率的盐害系数可以作为棉花苗期耐盐鉴定指标。

③ 本标准编制组的试验结果。以中棉所79、中9807、中S9612为供试材料，采用不同浓度的NaCl溶液模拟盐胁迫，对棉花种子萌发过程进行人工盐胁迫试验，研究了盐胁迫对棉花种子萌发的影响。试验中采用的盐溶液浓度梯度分别为0.5%、1%、1.5%、2%、3%，用蒸馏水作对照。4次重复，每重复100粒种子，按照《农作物种子检验规程》(GB/T 3543.4）进行发芽试验，考察了盐胁迫对发芽率、相对发芽率、发芽速度、苗高、根长、根茎比、鲜重及干重的影响。

A. 盐胁迫对发芽率的影响。试验结果表明，棉花种子在不同浓度盐胁迫下的发芽率总体随NaCl浓度的升高而下降，3个不同品种的趋势近似，但不同品种间的下降幅度各异。1.5% NaCl处理与其他处理间的差异达到了极显著水平。当NaCl浓度升高到2.0%时，种子发芽被完全抑制，发芽率为0。

耐盐对照品种中9807在0.5% NaCl及1.0% NaCl胁迫下发芽率与对照相比分别下降4.7%和10.6%，差异未达显著水平。当NaCl浓度提高到1.5%时，发芽率与对照相比下降48.2%。

大田主栽品种中棉所79在0.5% NaCl及1.0% NaCl胁迫下发芽率与对照相比分别下降6.2%和9.8%，差异未达显著水平。当NaCl浓度提高到1.5%时，发芽率与对照相比下降43.2%。

耐盐品种中 J7514 在 0.5% NaCl 及 1.0% NaCl 胁迫下发芽率与对照相比分别下降 4.6%和 13.8%，差异未达显著水平。当 NaCl 浓度提高到 1.5%时，发芽率与对照相比下降 27.6%，1.5% NaCl 与 1.0% NaCl 处理间的差异不显著，与 0.5% NaCl 和对照间的差异极显著。

纵观 3 个品种的发芽率差异，前 2 个品种趋势完全一致，第三个品种略有不同，1.5% NaCl 处理与其他处理间的差异达到了极显著水平。因此，1.5% NaCl 浓度可作为盐胁迫的最佳浓度，但发芽率作为耐盐性鉴定指标不合适。

B. 盐胁迫对相对发芽率的影响。试验结果表明，3 个棉花品种在不同浓度盐胁迫下的相对发芽率随 NaCl 浓度的升高而降低，不同品种间的差异趋势相近，方差分析结果均表现为在 0.01 水平上 1.0% NaCl 以下的 2 个处理间差异不显著，1.5% NaCl 处理与它们的相对发芽率差异达极显著水平。因此，用相对发芽率作为耐盐性鉴定的指标较为适宜。

C. 盐胁迫对发芽速度的影响。发芽速度是发芽率达到最大值时所经历的天数。随着 NaCl 浓度的升高，棉花种子的发芽速度逐渐减慢。其中，在 NaCl 浓度为 0.5%时平均发芽速度为 6.3 d，NaCl 浓度为 1.0%时平均发芽速度为 8.7 d，NaCl 浓度为 1.5%时平均发芽速度为 12 d，而对照只需 4.3 d 即达到发芽率的最大值。与对照相比，二者发芽速度分别下降 2 d 和 4.4 d。当 NaCl 浓度为 1.5%时，发芽速度与对照相比，慢 7.7 d。方差分析结果表明，不同浓度盐分处理对发芽速度的影响极显著，说明盐分是影响棉花种子发芽快慢的重要因素之一。不同浓度的 NaCl 处理，棉花种子的发芽始期也不相同，NaCl 浓度越高，发芽始期越延后。对照种子置床后第 3 d 开始发芽，0.5%和 1.0% NaCl 处理于第 6 d 开始发芽，1.5% NaCl 处理于第 9 d 开始发芽。

D. 盐分胁迫对苗高的影响。随着 NaCl 浓度的升高，棉花幼苗高度呈递减趋势，1.5% NaCl 处理的苗高与其他处理均达到了极显著差异，0.5% NaCl 处理和 1% NaCl 处理间苗高差异不显著，二者与对照的差异显著，但 0.5% NaCl 处理与对照的差异未达极显著水平，1% NaCl 处理与对照的差异达到了极显著水平。当 NaCl 处理浓度升高到 1.5%时，苗高只有 6.5 cm，与对照相比苗高降低 50%以上。

E. 盐分胁迫对根长的影响。棉花根系起着吸收养分、水分和输导、固定作用，同时还合成氨基酸等含氮有机化合物、激素以及其他有机养分。因此，根系也是棉株的生长代谢中心之一。盐浓度的升高有缩短棉花幼苗根长的趋势，3 个处理与对照的差异显著，除 0.5% NaCl 与对照差异未达极显著水平外，其他处理与对照差异均达极显著水平。

在 NaCl 浓度达到 1.0％时，与对照相比，根长已经受到较重程度的抑制。

F. 盐分胁迫对根茎比的影响。作物的正常生长需要合理的根茎比配合。若根茎比过小，难以承载地上部分的水分和养分需求，植株也不能正常生长发育。通过测量不同处理的根长和苗高（茎长），并计算根长和茎长的比值（根茎比），可以看出，不同浓度 NaCl 处理的根茎比与对照相比虽都有不同程度的降低，但没有明显差异。不同盐处理的根茎比值基本接近常数 0.7，说明盐分胁迫在抑制根伸长的同时，对苗生长也具有近似的抑制作用，即对根和苗高的抑制效果接近。

G. 盐分胁迫对棉花幼苗鲜重的影响。随着 NaCl 浓度的升高，棉花幼苗鲜重呈递减趋势，0.5％ NaCl 处理和 1％ NaCl 处理间幼苗鲜重差异不显著，二者与对照和 1.5％ NaCl 处理的差异显著，但 3 个盐处理间的差异未达极显著水平，只有 1.5％ NaCl 处理与对照的差异达到了极显著水平，可能是由于盐浓度较低时，对棉花幼苗的吸水影响有限的缘故。当 NaCl 处理浓度升高到 1.5％时，鲜重只有 5.37 g，与对照比鲜重降低 30％以上。

H. 盐分胁迫对棉花幼苗干重的影响。在 NaCl 浓度低于 1％前，随着 NaCl 浓度的升高，棉花幼苗干重不但没有降低，反而呈增加趋势，各处理间差异不显著。说明盐胁迫对棉花幼苗干物质的积累影响不大。

综合上述研究结果，本标准确定棉花萌发期耐盐性鉴定采用 1.5％ NaCl 进行胁迫，以相对发芽率作为评价指标。

④ 棉花种子萌发期耐盐性鉴定标准。根据棉花种子相对发芽率大小及文献记载该品种的耐盐特性，参考《农作物种质资源鉴定评价技术规范 棉花》(NY/T 2323—2013) “附录 E 棉花种子资源耐盐性评价技术规范”，将棉花种子萌发期耐盐性判定分为 4 个级别，分别为极强（相对发芽率≥90.0％）、强（相对发芽率 75.0％～89.9％）、中等（相对发芽率 50.0％～74.9％）、弱（相对发芽率<50.0）。

⑤ 验证试验。按照本标准所述的耐盐性鉴定方法，测定了由中国农业科学院棉花研究所抗逆鉴定课题组提供的 4 个不同耐盐性的种质资源材料和 1 个大田主栽品种中棉所 79 的相对发芽率，并据此对它们进行耐盐性评价。其中，中 9807 为耐盐对照品种、中 J7514 为耐盐品种、中 15J914D 为盐敏感品种、JL16 为耐盐品种。由试验数据可以看出，不同耐盐性的棉花品种相对发芽率明显不同，利用该方法得出的评价结果符合提供单位的品种信息说明。说明本方法可较好地进行棉花品种的耐盐性评价。

【标准原文】

4.1.2 试验设备

4.1.2.1 发芽箱

光照度≥1 200 lx，控温范围 10 ℃～40 ℃。

4.1.2.2 发芽盒

透明塑料盒，长×宽×高约为 14 cm×19 cm×5 cm，盖高 8 cm。

4.1.2.3 发芽床

沙床使用的沙粒应大小均匀，沙粒直径为 0.05 mm～0.80 mm，并进行 130 ℃～170 ℃烘干 2 h 消毒。

4.1.3 样品准备

将待测材料种子样品按照 GB/T 3543.3 的规定分取净种子，种子质量应符合 GB 4407.1 的要求，从充分混合的净种子中，随机数取籽粒饱满的棉籽 400 粒，每个重复 100 粒，共 4 次重复。

4.1.4 盐溶液配制

将 15 g NaCl（分析纯）均匀溶解在 1 000 mL 去离子水中，配成 1.5% NaCl 溶液。

4.1.5 胁迫培养

依据 GB/T 3543.4 进行发芽试验。胁迫培养的沙床每 100 g 干沙加入 1.5% NaCl 溶液 15 mL，pH 为 6.0～7.5，搅拌均匀，取适量放入发芽盒铺平（厚度 1.5 cm）。将 4 个重复的供试种子，分别均匀地摆布于铺平的沙床，用平底器皿镇平种子，使其一半埋入沙中，其上再盖一层厚 1 cm 的湿沙，铺平抹匀，加发芽盒盖，置入 30 ℃的光照培养箱内。待子叶露出沙面后开始进行每天 8 h 的光照。

4.1.6 对照培养

对照沙床每 100 g 干沙加入去离子水 15 mL，其余按 4.1.5 的规定执行。

4.1.7 性状调查

置床培养 12 d，调查发芽种子数。对照的初次计数天数为 4 d，末次计数天数为 12 d，每次计数时统计正常幼苗数，按照 GB/T 3543.4 的规定确定正常幼苗，统计结束时拔出正常幼苗。胁迫培养可于第 12 d 一次计数。

4.1.8 种子相对发芽率

相对发芽率按式（1）计算。

$$GI=\frac{G_{DS}}{G_{CK}}\times 100 \quad \cdots\cdots\cdots\cdots\cdots\cdots\cdots\cdots\cdots (1)$$

式中：

GI——相对发芽率，单位为百分号（%），结果保留1位小数；

G_{DS}——盐胁迫处理下4个重复的平均发芽率，单位为百分号（%）；

G_{CK}——对照处理下4个重复的平均发芽率，单位为百分号（%）。

4.2 苗期耐盐性鉴定

4.2.1 鉴定原理

苗期耐盐性鉴定采用浓度0.4% NaCl盐分胁迫法。将供试材料播种于盐池内，3次重复，从3叶期进行盐分胁迫，施盐7 d后调查存活的苗数，以相对存活率评价棉花的耐盐性。

【内容解读】

（1）鉴定浓度及指标的选择。中国农业科学院棉花研究所抗逆鉴定课题组叶武威等通过对棉花耐盐性的生理遗传研究，确立了0.4%盐量作为棉花耐盐鉴定的最佳值。采用该法鉴定了棉花种质资源8 400余份（次），结果与实际应用较接近。从大量鉴定结果分析，含盐量在0.4%的条件下，不同耐盐材料比较接近于正态分布情况。

河北省农林科学院滨海研究所王秀萍等（2011）以枝棉3号（耐盐对照品种）、鲁棉6号（敏盐对照品种）、邯98－1、邯4849和滨棉6号5个棉花品种为试材，采用盐池原土鉴定法，在0.1%（对照）、0.2%、0.3%、0.4%、0.5%、0.6%、0.7%盐分浓度胁迫下，调查出苗率、株高、叶片数、叶面积、生长速率和叶绿素相对含量等指标，分析不同盐度胁迫处理下各指标相对值的变化情况，以确定棉花苗期耐盐性的鉴定方法和鉴定指标。结果表明，棉花苗期耐盐鉴定的最佳形态指标为相对出苗率、相对株高和相对叶片数，适宜鉴定的最佳盐分浓度为0.4%。

南京农业大学农业农村部作物生长调控重点实验室孙小芳等采用盐化土壤盆钵全生育期栽培法，在0、0.15%、0.30%、0.45%、0.60% NaCl胁迫下，比较了13个陆地棉品种的耐盐性，分析了不同鉴定指标间的相互关系。指出相对出苗率、苗期相对株高、相对叶面积是苗期耐盐性鉴定可靠且简易的指标。0.45%是鉴定棉花耐盐性的适宜浓度。

（2）棉花种子苗期耐盐性鉴定标准。等同采用《农作物种质资源鉴定评价技术规范　棉花》(NY/T 2323—2013）中的“附录E　棉花种质资源耐盐性评价技术规范”。

【标准原文】

4.2.2 试验准备

加装移动式防雨棚的封底水泥池，以池长 16 m～20 m、内宽 1.8 m～2.0 m、深 0.25 m～0.30 m 为宜。池内铺 0.25 m 厚的无菌沙壤土或当地有代表性的棉田土。原始土壤的 NaCl 含量≤0.1%，并均匀一致。

4.2.3 试验设计

各供试品种随机排列，每 10 行设一个对照种子行，3 次重复。行距 15 cm，株距 6 cm～8 cm，行长 100 cm。

4.2.4 播种温度

5 cm 地温稳定通过 12 ℃时播种。

4.2.5 播种

播种前浇水，使土壤含水量达到田间持水量的 70%～80%，棉种用 55 ℃～60 ℃的温水浸种 30 min。

4.2.6 定苗并计数

当棉生长至 2 片～3 片真叶时定苗并计数，定苗后每行有效苗不应少于 10 株。

4.2.7 施盐

测定土壤基础 NaCl 含量，计算需要增加的 NaCl 的量，逐行定量增施 NaCl，用喷壶浇水，使 NaCl 缓慢溶解在土壤中，使土壤最终 NaCl 含量达到 0.4%。

4.2.8 调查统计

4.2.8.1 调查

施盐后 7 d，调查各供试材料的成活苗数，以生长点呈鲜绿色者为存活苗。

4.2.8.2 相对存活苗率

存活苗率按式（2）计算。

$$P=\frac{M}{N}\times 100 \quad\cdots\cdots\cdots\cdots\cdots\cdots\cdots\cdots\cdots\quad (2)$$

式中：

P——存活苗率，单位为百分号（%），结果保留 1 位小数；

M——存活苗数，单位为株；

N——总苗数，单位为株。

相对存活苗率按式（3）计算。

$$LP=\frac{P_{DS}\times 0.5}{P_{CK}}\times 100 \quad\cdots\cdots\cdots\cdots\cdots\cdots\cdots\quad (3)$$

式中：

LP——相对存活苗率，单位为百分号（%），结果保留1位小数；

P_{DS}——待测品种存活苗率，单位为百分号（%）；

P_{CK}——校正品种存活苗率，单位为百分号（%）。

4.3 全生育期耐盐性鉴定

4.3.1 试验设计

全生育期耐盐性鉴定在加装移动式防雨棚的盐池进行。随机排列，3次重复，小区面积4 m^2。

4.3.2 胁迫处理

胁迫盐池内填入混合均匀的NaCl含量0.4%的盐碱土。

4.3.3 对照处理

对照池内填入NaCl含量≤0.1%的土壤。

4.3.4 样品准备

从充分混合的净种子中，随机数取籽粒饱满的棉籽≥300粒。

4.3.5 盐池的水分调控

播种前浇水，使土壤含水量达到田间持水量的70%～80%，处理期间根据日蒸发量的大小，喷施一定量的淡水，使盐碱土壤含水量保持恒定。

4.3.6 播种和管理

分盐池处理和对照处理，棉种用55 ℃～60 ℃的温水浸种30 min。均采用等行距穴播，每穴2粒，行距50 cm，株距25 cm，播种深度3 cm。每品种播种5行，行长2 m，池边2行为保护行。田间管理同大田生产。

4.3.7 考察性状

棉花吐絮后及时采摘，测定各小区籽棉产量。

4.3.8 耐盐指数

耐盐指数按式（4）计算。

$$DRI=\frac{Y_a^2\times Y_M}{Y_m\times Y_A^2} \quad\cdots\cdots\cdots\cdots\cdots\cdots\cdots\cdots\quad (4)$$

式中：

DRI——待测品种的耐盐指数，结果保留2位小数；

Y_a——待测品种盐胁迫处理下的籽棉产量，单位为千克每公顷（kg/hm^2）；

Y_M——对照品种对照处理下的籽棉产量，单位为千克每公顷（kg/hm²）；

Y_m——待测品种对照处理下的籽棉产量，单位为千克每公顷（kg/hm²）；

Y_A——对照品种盐胁迫处理下的籽棉产量，单位为千克每公顷（kg/hm²）。

【内容解读】

（1）鉴定指标的选择。南京农业大学孙小芳等（2001）指出，在盐渍环境中比较棉花的产量是鉴定耐盐性的可靠方法。河北农林科学院张国新等（2011）也指出，棉花产量能较好地反映品种的耐盐性。由于棉花生产的最终目标是收获较高的籽棉和皮棉产量，因此产量就成为全生育期的耐盐性鉴定指标。

（2）棉花全生育期耐盐性鉴定标准。河北农林科学院张国新等（2011）研究了自然盐分胁迫下棉花耐盐性评价。研究结果表明，籽棉产量耐盐系数的排名基本决定了最终排序，说明籽棉产量耐盐系数是鉴定棉花品种间耐盐能力最有价值的指标。参照河北省地方标准《棉花耐盐性鉴定技术规范》(DB13/T 1339—2010)，本标准采用耐盐指数作为全生育期的耐盐性鉴定指标。

4.6 判定规则

【标准原文】

5 耐盐性判定规则

5.1 棉花种子萌发期耐盐性判定

棉花种子萌发期耐盐性判定见表1。

表1 棉花种子耐盐性判定

级　别	相对发芽率,%	耐盐性分级
1	≥90.0	极强
2	75.0～89.9	强
3	50.0～74.9	中等
4	<50.0	弱

5.2 棉花苗期耐盐性判定

棉花苗期耐盐性判定见表 2。

表 2 棉花苗期耐盐性判定

级　别	相对存活率，%	耐盐性分级
1	≥90.0	极强
2	75.0～89.9	强
3	50.0～74.9	中等
4	<50.0	弱

5.3 棉花全生育期耐盐性判定

棉花全生育期耐盐性判定见表 3。

表 3 棉花全生育期耐盐性判定

级　别	耐盐指数，%	耐盐性分级
1	≥1.20	极强
2	1.10～1.19	强
3	0.90～1.09	中等
4	≤0.89	弱

【内容解读】

棉花耐盐性鉴定方法各有特点，主要表现如下：种子萌发期和苗期鉴定方法属于间接鉴定棉花耐盐性，具有简便、易操作、鉴定速度快、质量高、批量大的特点，适用于对大批量棉花品种资源的耐盐性筛选，是大批量鉴定品系苗期耐盐性的有效方法。棉花全生育期鉴定符合生产实际，评价更可靠，但周期长、成本高，且年份和气候的变化影响较大，只能在材料较少时采用。

第五章 《棉花耐冷性和耐热性鉴定技术规程》解读

低温冷害和高温热害是影响棉花生长发育的主要环境胁迫因子。棉花是喜温作物，对低温比较敏感，在播种出苗期、苗期和吐絮期常常遭受低温的危害。其中，播种出苗期和苗期冷害发生较频繁。近年来，棉花的种植方式逐渐向轻简化和机械化发展，精量播种对棉种质量提出了更高要求。棉花在适宜播期时的天气波动较大，若遇倒春寒常会发生出苗不齐、苗弱多病。因而，提高棉种萌发期的低温耐受性对一播全苗具有重要意义。另外，随着全球气候的变暖，高温胁迫已成为影响作物生产的一个重要因素。在我国棉花种植区域，特别是长江流域棉区，周期性的热害在7—8月经常发生，此时棉花正处于盛花期和结铃期，因而严重影响结铃率、皮棉产量和品质。为了稳定棉花产量，适应全球气候变暖的趋势，选育耐高温的棉花品种已成为迫切的育种目标。

多年来，国内外学者在耐冷性和耐热性种质筛选鉴定方面做了大量工作，从不同角度提出了许多鉴定方法和指标。有采用形态特征如株高、果节数、蕾铃脱落率等作为耐热鉴定指标，有采用生理生化方法如可溶性糖、丙二醛、气孔导度等作为耐冷鉴定指标。但至今没有形成一套准确、可靠、简单、公认、统一的鉴定方法和指标体系，已成为大规模品种资源耐冷性和耐热性鉴定评价的制约因素。因此，迫切需要建立一种快速、准确的棉花品种资源耐冷性和耐热性鉴定评价的方法，制定出一套准确、可靠、简单、公认、统一的棉花耐冷性和耐热性鉴定评价的标准，为棉花品种耐冷性和耐热性改良提供依据。

5.1 前言

【标准原文】

前　言

本文件按照 GB/T 1.1—2020《标准化工作导则　第1部分：标准化

文件的结构和起草规则》的规定起草。

请注意本文件的某些内容可能涉及专利。本文件的发布机构不承担识别专利的责任。

本文件由安徽省农业科学院棉花研究所提出。

本文件由安徽省农业农村厅归口。

本文件起草单位：安徽省农业科学院棉花研究所、中国农业科学院棉花研究所、新疆农业科学院经济作物研究所、中棉种业科技股份有限公司、阜阳市农业技术推广中心、潜山市梅城镇农业技术推广站、宇顺高科种业股份有限公司、东至县农业技术推广中心、东至县官港镇农业技术推广站、望江县农业技术推广中心。

本文件主要起草人：阚画春、郑曙峰、王延琴、杜雄明、田立文、徐道青、王维、贾银华、刘小玲、陈敏、李淑英、杨代刚、周关印、陈杰来、李雪松、荆燕、王发文、王优旭、郭志雄、曹长结、王新民。

【内容解读】

《棉花耐冷性和耐热性鉴定技术规程》(DB34/T 3926—2021）由安徽省农业科学院棉花研究所提出，由安徽省农业农村厅归口，于2018年由安徽省市场监督管理局立项，由安徽省农业科学院棉花研究所、中国农业科学院棉花研究所、新疆农业科学院经济作物研究所、中棉种业科技股份有限公司等单位起草，2020年完成制定，2021年6月8日由安徽省市场监督管理局发布，2021年7月8日实施。

5.2 范围

【标准原文】

1 范围

本文件规定了棉花耐冷性和棉花耐热性鉴定的鉴定样品、耐冷性鉴定、耐热性鉴定和结果判定。

本文件适用于陆地棉播种发芽期的耐低温冷害性能和盛花期的耐高温热害性能鉴定。

【内容解读】

本部分主要说明标准的主要内容和适用范围。本标准规定了棉花耐冷性和棉花耐热性鉴定方法及判定规则，包括鉴定样品、耐冷性鉴定、耐热性鉴定和结果判定。本标准适用于陆地棉播种发芽期的耐低温冷害性能和盛花期的耐高温热害性能鉴定。

5.3 规范性引用文件

【标准原文】

2 规范性引用文件

下列文件中的内容通过文中的规范性引用而构成本文件必不可少的条款。其中，注日期的引用文件，仅该日期对应的版本适用于本文件；不注日期的引用文件，其最新版本（包括所有的修改单）适用于本文件。

GB/T 3543.3　农作物种子检验规程　净度分析

GB/T 3543.4　农作物种子检验规程　发芽试验

GB 4407.1　经济作物种子　第1部分：纤维类

5.4 定义和术语

【标准原文】

3 术语和定义

下列术语和定义适用于本文件。

3.1

相对发芽率　relative germination percentage

同一品种低温胁迫处理的发芽率与对照处理的发芽率的百分比。

3.2

铃脱比　the ratio of bolls number and the number of shedding of squares or flowers or bolls

棉花在花铃期的一段时间内成铃数与脱落果节数的比率。

5.5 鉴定样品

【标准原文】

4 鉴定样品

用于鉴定的棉花种子应为光子，质量应符合 GB 4407.1 的规定。

5.6 耐冷性鉴定

【标准原文】

5 耐冷性鉴定

5.1 鉴定设备

5.1.1 光照培养箱

光照度≥1 200 lx，控温范围 0 ℃～40 ℃，变幅不超过±1 ℃。

5.1.2 发芽盒

用透明塑料发芽盒，长×宽×高宜为 14 cm×19 cm×5 cm，盒盖高 8 cm。

5.2 样品准备

按照 GB/T 3543.3 的规定，从待鉴定的样品中随机数取 800 粒，每个重复 100 粒，共 8 个重复，其中低温胁迫处理设 4 个重复，对照处理设 4 个重复。按 GB/T 3543.4 的规定，将样品置入发芽盒培养沙床中，待处理。

5.3 低温胁迫处理

将低温胁迫处理的样品置于温度设置为 12 ℃、相对湿度为 60%、光照为 8 h 的光照培养箱内进行胁迫处理 12 d。除温度和培养天数外，其余按照 GB/T 3543.4 的规定执行。

5.4 对照处理

将对照处理的样品置于温度设置为 25 ℃、相对湿度为 60%、光照为 8 h 的光照培养箱内进行处理 7 d，按照 GB/T 3543.4 规定执行。

5.5 性状调查

对照处理第 7 d 调查发芽种子数（子叶平展为发芽），计算发芽率。低温胁迫处理第 12 d 调查长芽种子数和发芽种子数（芽长超过种子长度视为长芽，种子露白即视为发芽），计算长芽率（长芽数占供鉴定种子数的百分率）及发芽率。

5.6 结果计算

5.6.1 相对发芽率（GI）按公式（1）计算。

$$GI = G_{DL}/G_{CK} \times 100 \quad \cdots\cdots\cdots\cdots (1)$$

式中：

GI——相对发芽率，单位为百分号（%），结果保留 1 位小数；

G_{DL}——低温胁迫处理下 4 个重复的平均发芽率，单位为百分号（%）；

G_{CK}——对照处理下 4 个重复的平均发芽率，单位为百分号（%）。

5.6.2　相对长芽率（GL）按公式（2）计算。

$$GL = G_{DC}/G_{CK} \times 100 \quad \cdots\cdots\cdots\cdots (2)$$

式中：

GL——相对长芽率，单位为百分号（%），结果保留 1 位小数；

G_{DC}——低温胁迫处理下 4 个重复的平均长芽率，单位为百分号（%）；

G_{CK}——对照处理下 4 个重复的平均发芽率，单位为百分号（%）。

【内容解读】

（1）耐冷性鉴定时期的选择。棉花是喜温作物，对低温比较敏感。棉花在整个生育期均易遇到低温胁迫，主要是在播种出苗期、苗期和吐絮期。其中，播种出苗期低温冷害最为敏感，也最为频繁。棉花播种出苗期遭遇低温冷害，会造成出苗不齐，缺株断垄，对幼苗造成严重的伤害，在温度恢复正常后，棉株也可能无法完全恢复，使生育延迟、品质降低、产量下降。吐絮期低温冷害主要发生在西北内陆棉区，危害是早衰、品质降低、产量下降。近年来，精量播种和免膜栽培技术不断推广应用，棉种播种出苗期对低温冷害的耐受性能更加重要。因此，棉花耐冷性鉴定评价的适宜时期为播种出苗期。

（2）耐冷性鉴定条件与方法的选择。李星星等（2017）在低温胁迫下对不同棉花品种的耐寒性数据（株高，地上鲜、干质量，地下鲜、干质量，总长度，总表面积）进行相关性分析、主成分分析及聚类分析，得出综合评价 D 值，将棉花品种的耐寒性划分出 3 种类型。陶群等（2014）认为，低温可使作物种子的发芽势、发芽率、发芽指数和活力指数降低，幼苗长度、侧根长度和侧根数量减少，根系活力、出苗率降低。李星星等（2017）在进行不同温度处理时，同一棉花品种在播种出苗期遭遇低温时，严重抑制了种子的发芽率、活力指数，阻碍了幼苗植株和根系的生长。武辉等（2012）通过测定低温胁迫（5 ℃、12 h）及恢复处理（25 ℃、24 h）后棉花幼苗叶片初始荧光、最大光化学效率、气孔导度、可溶性糖含量、丙二醛（MDA）含量和相对电导率 6 个鉴定指标，进行棉花品种耐寒性的快速鉴定。王俊娟等（2016）通过对子叶期陆地棉进行 24 h 的 4 ℃低温处理，再恢复正常生长 7 d，然后调查冷害指数，可以有效鉴定棉花子叶期的抗冷性。高利英等（2018）通过对黄淮棉区不同时期种植的 38 个代表性棉花品种在不同低温胁迫下萌发指标的研究，综合评价了其在萌发期对低温胁迫的耐受能力。通过综合分析，设置相关试验来研究选择播种出苗期耐冷性鉴定条件与方法，包括不同低温胁迫处理后恢复常温培养、在不同低温胁迫处理中培养。

在前人研究的基础上，安徽省农业科学院棉花研究所开展了耐冷性鉴定条件与方法研究。

① 不同低温胁迫处理后恢复常温培养。选取中棉所 50 等 17 个品种为试验材料。棉花种子在 28 ℃吸胀 12 h 后分别在 10 ℃、15 ℃下处理 3 d，10 ℃、15 ℃的温度条件由培养箱获得，每个处理设 3 个重复，每重复 100 种子，对照（CK）处理为种子吸胀 12 h 后直接在灭菌沙中种植，并放置于 28 ℃、光照 14 h/黑暗 10 h 恒温箱中，每重复 100 种子。调查低温处理后在 28 ℃、光照 14 h/黑暗 10 h 恒温恢复生长 7 d 后调查其出苗情况，对照处理直接调查 7 d 的出苗情况，计算子叶平展率（%）：

子叶平展率（%）=子叶平展苗数/参试种子总数×100。

结果显示，15 ℃及 12 ℃低温处理 3 d，正常温度（28 ℃）恢复生长 7 d 后的子叶平展率平均值均低于对照（28 ℃）处理，且随着温度的降低，子叶平展率呈下降趋势，说明 15 ℃及 12 ℃的低温处理对棉花的萌发出苗均造成了伤害，温度越低，造成的伤害越严重。但三者间相差不大，差异不显著，低温胁迫的影响无规律，不利于分级，故不能作为棉花耐冷性鉴定指标和方法。

② 在不同低温胁迫处理中培养。各品种选择均匀一致、健康饱满的种子 900 粒，12 ℃、15 ℃和 25 ℃（对照）的处理各 3 个重复，每个重复 100 粒。光照培养箱除温度不同外，均设置为湿度为 60%、光照为 14 h 黑暗 10 h。7 d 后调查对照的出苗情况，低温处理分别在 7 d、9 d 和 12 d 调查发芽情况（本研究中种子露白即计为发芽，芽长超过种子长度为长芽），计算发芽率及长芽率。

发芽率（%）=发芽种子数/参试种子总数×100；

长芽率（%）=长芽种子数/参试种子总数×100。

处理 7 d 后调查结果，12 ℃低温处理的各个种子的发芽盒内沙面上都看不到棉芽，15 ℃的低温处理有几个品种可以看到棉芽，而对照则基本达到了最大出苗率；9 d 时 12 ℃低温处理依然看不到棉芽。12 d 后的调查结果表明，12 ℃低温处理的种子间的长芽率及发芽率差异极显著，15 ℃低温处理的长芽率与发芽率相差不大，且各个品种间的差异没达到极显著水平，12 ℃长芽率 0 的品种有 1 个，小于 10%的有 4 个，10%～20%的 1 个，20%～30%的 7 个，30%～40%的 2 个，超过 40%的 2 个品种；12 ℃

处理的发芽率超过70%的2个，低于30%的2个。因此，可以把12℃低温处理12 d的发芽率及长芽率作为耐冷性的分级指标。

在《棉花抗旱性鉴定技术规程》(NY/T 3534—2020)、《棉花耐盐性鉴定技术规程》(NY/T 3535—2020)中，对播种发芽期进行的抗旱性及耐盐性鉴定，均采用相对发芽率作为鉴定指标。因此，本标准选用棉花种子相对发芽率及相对长芽率相结合作为棉花种子萌发期耐冷鉴定指标。

③ 棉花播种发芽期耐冷性判定。参考《农作物种质资源鉴定评价技术规范　棉花》(NY/T 2323—2013)、《棉花耐盐性鉴定技术规程》(NY/T 3535—2020)对于判定分级的标准，结合棉花种子萌发期对低温耐受性的实际，以12℃低温胁迫的相对发芽率结合相对长芽率为鉴定指标，将棉花播种发芽期的耐冷级别分为5级，即极强（$GI \geqslant 80\%$且$GL \geqslant 40\%$）、强（$60.0\% \leqslant GI < 80.0\%$且$GL \geqslant 30.0\%$）、中等（$40.0 \leqslant GI < 60.0\%$且$GL \geqslant 20.0\%$）、弱（$20.0\% \leqslant GI < 40.0\%$且$GL \geqslant 10.0\%$）、极弱（$GI < 20.0\%$且$GL < 10.0\%$）。

④ 播种发芽期耐冷性方法论证。根据对收集品种的鉴定结果，选取耐冷性各异的棉花品种或资源对本鉴定方法进行多批次验证。结果显示，各供试样品鉴定级别基本一致，说明本耐冷性鉴定方法稳定可靠。

5.7 耐热性鉴定

【标准原文】

6 耐热性鉴定

6.1 鉴定设施

选用自动控温控湿透明大棚，可使高温胁迫处理期间设施内气温稳定达到40℃以上。

6.2 试验设计

供鉴定样品随机排列，高温胁迫处理和对照处理各3个重复，行距50 cm，株距25 cm，各重复不低于20株有效株。

6.3 播种

4月下旬至5月初播种，播种前棉种用多菌灵拌种。

6.4 高温胁迫处理

棉花进入盛花期后，开启自动控温控湿装置，使高温胁迫处理气温稳定达到40℃。15 d～20 d后解除高温胁迫。

6.5 试验管理

试验期间，除高温胁迫处理增温外，高温胁迫处理和对照处理的其他管理一致，同当地棉花大田生产。

6.6 性状调查

在供鉴定样品的高温胁迫处理与对照处理的各个重复中分别定 10 株长势一致的植株，于高温胁迫处理开始前 1 d 和高温胁迫解除后的第 1 d 2 次同时调查 2 个处理的成铃数与脱落果节数。

6.7 结果计算

6.7.1 铃脱比（P）按公式（3）计算。

$$P=(M_T-M_O)/(N_T-N_O) \quad \cdots\cdots (3)$$

式中：

P——铃脱比，结果保留 2 位小数；

M_T——高温胁迫后的成铃数，单位为个；

M_O——高温胁迫前的成铃数，单位为个；

N_T——高温胁迫后的脱落果节数，单位为个；

N_O——高温胁迫前的脱落果节数，单位为个。

6.7.2 耐高温热害指数（R）按公式（4）计算。

$$R=P_T/P_O\times 100 \quad \cdots\cdots (4)$$

式中：

R——耐高温热害指数，单位为百分号（%），结果保留 2 位小数；

P_T——高温胁迫处理的平均铃脱比；

P_O——对照处理的平均铃脱比。

【内容解读】

高温热害是指棉花遭遇气温≥35 ℃的高温和≥38 ℃以上的极端高温造成的伤害，在我国主要发生在长江中下游、黄淮平原、南疆和东疆棉区，发生时间大多在 7 月—8 月。高温热害一般分为苗期高温热害和花铃期高温热害。棉花苗期高温热害一般是设施育苗和地膜覆盖保护栽培管理不当引发的，主要表现为局部高温引起的灼伤、死苗。这种热害一般是短暂的，只要管理措施到位，就可以避免。另外，棉花的自我补偿修复能力强，苗期受到的伤害可以在后期的生长过程中得到恢复。而棉花的花铃期（盛花期）高温热害对棉花生长发育影响很大，它可以导致花药不开裂、花粉败育、柱头伸长，蕾、花和幼铃大量脱落或发育不良，柱头上花粉粒萌发力降低，花粉管在柱头内的生长速度减慢、受阻，授粉、受精成功率降低，从而严重影响棉花产量和品质。因此，棉花的盛花期是耐热性鉴定评价的适宜时期。

关于棉花耐热性鉴定国内外有一些相关研究，吾甫尔·阿不都等（2015）将棉株果枝始节、生殖阶段的铃重和结铃率等农艺性状以及棉花叶片的气孔导度和细胞膜热稳定性等生理特性作为耐高温特性的筛选指标。王俊娟等（2009）将经高温胁迫处理后恢复正常生长 6 d 的活苗率作为鉴定棉花苗期的耐高温指标，鉴定不同基因型棉花品种（系）间苗期的耐高温特性。刘少卿等（2013）通过在新疆吐鲁番自然高温条件下，调查200份不同棉花种质资源的脱落率、花粉活力、叶片萎蔫程度、花粉形态、不孕子率等田间性状；然后，选 29 份不同耐热性种质调查不同温度下（高温）离体培养条件下的花粉萌发率；结合田间调查结果和花粉离体培养萌发率，将 29 份种质划分为耐高温型、较耐高温型、高温较敏感型和高温敏感型种质，并初步确定蕾铃脱落率、不孕子率、花粉形态、35 ℃离体培养花粉萌发率和 40 ℃离体培养花粉萌发率 5 个指标作为耐热性的鉴定指标。宋桂成等（2015）将花药开裂率和花粉萌发率作为耐高温筛选的主要指标，而将花柱长与雄蕊群长度之比、花丝长度作为辅助指标。中国发明专利“一种棉花耐热性苗期快速鉴定方法”（专利号：CN102577802A）在苗期进行高温处理，测定抗坏血酸过氧化物酶活性、相对电导率和幼苗萎蔫率与正常生长的相对值来确定棉花的耐热性的方法，但早期幼苗由于自身生长脆弱，生理生化特性没有得以充分发挥等因素，难以展示材料的真实耐性表现；另外，生理生化等指标的测定需要相关的仪器和设备条件，数据的可靠性和重复性也较差，从而影响了该方法的可操作性、实用性和鉴定结果的准确性。袁小玲等（2009）、邓茳明等（2010）、蔡义东等（2010）主要是在 7 月—9 月棉花盛花期和结铃期，对棉花花粉萌发率、花粉管长度、叶片酶活性和蕾铃脱落率进行调查，然后根据这几个指标对棉花耐热性进行鉴定分类。但是，这些方法鉴定程序烦琐，可操作性不强。

本标准将相对铃脱比作为耐高温指数鉴定棉花的耐热性，简单易行，可操作性强。它不但考虑了高温胁迫对产量因素（花、铃）的影响，还考虑了对蕾的影响，增加了鉴定结果的可靠性。

参考《农作物种质资源鉴定评价技术规范　棉花》(NY/T 2323—2013)、《棉花耐盐性鉴定技术规程》(NY/T 3535—2020）对于判定分级的标准，结合棉花花铃期对高温耐受性的实际情况，以相对铃脱比作为耐高温指数鉴定指标，将棉花种子耐热级别分为 5 级，即极强（$R \geqslant 80.00\%$）、强（$60.00\% \leqslant R < 80.00\%$）、中等（$40.00\% \leqslant R < 60.00\%$）、弱（$20.00\% \leqslant R < 40.00\%$）、极弱（$R < 20.00\%$）。

按照本标准所述的耐热性鉴定方法，2019—2020 年在长江流域棉区

（安徽沿江棉区）进行了验证试验。结果显示，不同棉花品种不同年份耐高温指数不同，但鉴定级别是相同的。因此，说明本方法可较好地进行棉花种子的耐热性鉴定。

5.8 结果判定

【标准原文】

7 结果判定

7.1 棉花耐冷性判定

棉花播种发芽期的耐低温冷害性能判定见表1。

表1 棉花耐冷性判定

级　别	相对发芽率 GI（%）、长芽率 GL（%）	耐冷性分级
Ⅰ	$GI \geqslant 80.0$ 且 $GL \geqslant 40.0$	极强
Ⅱ	$80.0 > GI \geqslant 60.0$ 且 $GL \geqslant 30.0$	强
Ⅲ	$60.0 > GI \geqslant 40.0$ 且 $GL \geqslant 20.0$	中等
Ⅳ	$40.0 > GI \geqslant 20.0$ 且 $GL \geqslant 10.0$	弱
Ⅴ	$GI < 20.0$ 且 $GL < 10.0$	极弱

7.2 棉花耐热性判定

棉花盛花期的耐高温热害性能判定见表2。

表2 棉花耐热性判定

级　别	耐高温指数 R（%）	耐热性分级
Ⅰ	$R \geqslant 80.00$	极强
Ⅱ	$80.00 > R \geqslant 60.00$	强
Ⅲ	$60.00 > R \geqslant 40.00$	中等
Ⅳ	$40.00 > R \geqslant 20.00$	弱
Ⅴ	$R < 20.00$	极弱

第六章　棉花抗逆性鉴定管理信息系统

棉花抗逆性鉴定管理信息系统主要是用来进行棉花抗逆性鉴定信息管理的软件。该系统具有棉花抗逆性种质资源数据库的管理（包括增加记录、删除记录、修改记录、查询记录）、鉴定试验的管理及结果分析等功能。该软件可以合理分析相关数据信息，还具有后台优化的功能。软件界面导航简化，使用便捷、精炼，采用新一代高性能界面引擎，带给用户从容流畅的使用体验。棉花抗逆性鉴定管理信息系统获得计算机软件著作权登记证书（图 6 - 1）。

中华人民共和国国家版权局

计算机软件著作权登记证书

证书号：软著登字第5812614号

软 件 名 称：棉花抗逆性鉴定管理信息系统 V1.0

著 作 权 人：安徽省农业科学院棉花研究所；中国农业科学院棉花研究所；郑曙峰；王延琴；徐道青；阚画春

开发完成日期：2020年05月08日

首次发表日期：2020年05月11日

权利取得方式：原始取得

权 利 范 围：全部权利

登 记 号：2020SR0933918

根据《计算机软件保护条例》和《计算机软件著作权登记办法》的规定，经中国版权保护中心审核，对以上事项予以登记。

中华人民共和国国家版权局 计算机软件著作权登记专用章

2020年08月17日

图 6 - 1　计算机软件著作权登记证书

6.1　系统概述

6.1.1　权限说明

系统包括 2 种角色：一般用户和管理员。

一般用户：该角色主要是对系统功能菜单进行操作。

管理员：该角色可以操作所有的功能菜单，同时对用户进行后台管理。

6.1.2　手册说明

（1）本手册如无特殊说明，均基于 IE 浏览器 8.0 版本演示，其他版本不同设置将在相关内容中予以说明。

（2）本手册说明主要以用户使用为主，对软件各功能进行介绍。

操作系统：该系统需要在 Windows 操作环境下运行。

运行环境：本系统以浏览器/服务器模式运行，运行本系统的客户端只需要安装浏览器（IE 8.0 及以上版本）即可运行，分辨率至少 1 024×768。推荐使用 IE 浏览器。

6.2　软件主要功能

该系统具有棉花抗逆性种质资源数据库的管理（包括增加记录、删除记录、修改记录、查询记录），鉴定试验的管理、结果分析，结果输出和数据库自动录入等功能。

6.3　棉花抗逆性种质资源数据库管理

6.3.1　查询记录功能

在文本域输入种质名称，并点击提交按钮，所有符合要求的记录将在另一页面呈现。

6.3.2　显示所有记录功能

用户在登录界面输入用户名、密码后，进入页面。该页面按属性呈现所有数据库记录。每条记录可独立修改、删除。

6.3.3　增加记录功能

除 ID 外，其他属性数据通过文本域或列表形式输入（为方便用户使用及降低出错率，大部分属性数据以列表形式呈现，列表数据可在数据库 list.mdb 表中修改）。增加记录成功后，系统会进行提示。

6.3.4　删除记录功能

点击删除链接，系统弹出界面，询问是否确认删除。点击确定后，删除记录成功。

6.3.5 修改记录功能

点击修改链接，系统弹出界面。用户可在各属性文本域中修改，并点击提交按钮。修改后，数据会保存到服务器数据表中。

6.4 棉花抗逆性鉴定试验的管理及结果分析

6.4.1 抗旱性鉴定

6.4.1.1 棉花种子萌发期抗旱性鉴定

包括试验数据录入和计算、鉴定结果输出，鉴定结果自动纳入数据库。

6.4.1.2 棉花苗期抗旱性鉴定

包括试验数据录入和计算、鉴定结果输出，鉴定结果自动纳入数据库。

6.4.1.3 棉花全生育期抗旱性鉴定

包括试验数据录入和计算、鉴定结果输出，鉴定结果自动纳入数据库。

6.4.2 耐渍涝性鉴定

6.4.2.1 室内发芽出苗期耐渍涝性鉴定

包括试验数据录入和计算、鉴定结果输出，鉴定结果自动纳入数据库。

6.4.2.2 棉花田间盛蕾期耐渍涝性鉴定

包括试验数据录入和计算、鉴定结果输出，鉴定结果自动纳入数据库。

6.4.3 耐盐性鉴定

6.4.3.1 棉花种子萌发期耐盐性鉴定

包括试验数据录入和计算、鉴定结果输出，鉴定结果自动纳入数据库。

6.4.3.2 棉花苗期耐盐性鉴定

包括试验数据录入和计算、鉴定结果输出，鉴定结果自动纳入数据库。

6.4.3.3　棉花全生育期耐盐性鉴定

包括试验数据录入和计算、鉴定结果输出，鉴定结果自动纳入数据库。

6.4.4　耐冷性耐热性鉴定

6.4.4.1　耐冷性鉴定

包括试验数据录入和计算、鉴定结果输出，鉴定结果自动纳入数据库。

6.4.4.2　耐热性鉴定

包括试验数据录入和计算、鉴定结果输出，鉴定结果自动纳入数据库。

第七章　棉花抗逆减灾技术

7.1　药害、肥害恢复技术

7.1.1　药害

药害是由于农药使用不当而引起的棉株各种病态反应，包括棉株体内生理过程非正常的变化、生长受阻、植株变态甚至死亡等一系列现象。

7.1.1.1　药害产生的原因

（1）错用农药品种。例如，错将除草剂当杀虫剂、杀菌剂使用，将稻田、麦田除草剂当成棉田除草剂使用，棉田土壤处理的除草剂当成茎叶处理的除草剂使用，都可能造成棉苗受害。另外，在棉田附近使用对棉花有害的除草剂，也可能因除草剂的飘移和挥发而对棉株产生伤害。

（2）农药质量低劣。杂质多、质量差的农药易造成药害。此外，农药保管不善，储藏时间过长，易引起水剂沉淀、乳油分层、粉剂结块而造成药害。

（3）药剂使用过量。盲目加大用药量，有的比适宜的用药量提高 5～10 倍，从而造成棉株中毒；农药重复喷药、连续多次使用，也会造成棉株因农药积累过多而发生药害。

（4）使用方法不当。一是使用除草剂后容器不冲洗或冲洗不净就施用农药从而造成药害；二是混合施药不当，将能产生化学反应的农药品种混合施用，也易产生药害；三是喷药不均匀造成局部农药浓度过高而产生药害；四是使用时期不对，棉株越大对农药的耐药性越强，苗期使用对棉花敏感的除草剂易产生药害，应低位喷雾的除草剂也常溅到棉叶上从而造成药害。另外，当气候、土壤等条件不利时，也有可能造成药害。

（5）农药的代谢物和残留。农药一般残效期都较长，由于前茬使用的药剂在土壤中的残留量大，当积累到一定程度时，就会发生棉田药害。例如，长期使用绿麦隆的麦田或一次使用过量的绿麦隆都会对后茬棉花产生危害。另外，有些农药虽然本身对棉株没有什么伤害作用，但其在土壤中的分解代谢产物也可能影响棉株的生长。

7.1.1.2 药害的症状

（1）根据药害发生的快慢，分为急性药害、慢性药害和残留药害3类。

① 急性药害。发生快、症状明显，施药后数天即可表现出来，如斑点、失绿、落花蕾铃等。

② 慢性药害。症状不明显，短时间内不会表现出来，一般都在数十天后才会出现，表现为生长速度减慢、叶片小而厚、棉株畸形矮缩、节枝变短、铃形变小甚至畸形。

③ 残留药害。主要是对棉花的出苗及生长产生抑制，如出苗慢、出苗率低、生长量小而造成减产。

（2）根据药害表现程度，分为轻度药害、中度药害、重度药害。轻度药害对作物影响小，产量损失小，常由慢性中毒和残留中毒引起；中度药害对作物影响较大，如加强管理，有可能恢复生长，减少产量损失，主要由慢性中毒和残留中毒及少量急性中毒引起；重度药害对作物影响大，甚至造成绝收，主要是急性药害和残留药害造成。

（3）根据作物受害的表现，药害的症状主要有以下几种。

① 斑点。即叶片灼伤，是最普遍的药害症状。与病斑相比，药害的大小形状变化大，而病斑有发病中心，形状较一致；药害有轻有重，在植株上分布不一致且药害部位界限清楚，不会扩展，而病斑发生较普遍，在植株上出现的部位比较有规律，且病斑通常会不断扩大。

② 畸形。主要发生在茎叶和根部，表现为叶片皱缩、卷叶、扭曲等。

③ 黄化。可发生在茎叶部位，以叶片居多，主要是由于药害影响叶绿素的合成所致。

④ 生长受抑。主要表现为植株生长发育受抑制，根毛数量少，株高降低。

⑤ 脱落。主要是蕾、花、铃的脱落，常伴有其他症状。

7.1.1.3 棉花药害的预防与补救

（1）严格按规范使用农药。

① 合理选用农药，选用质量好的农药，施药前要先搞清农药的性质和使用技术及农药的防治对象与效果，特别是不能随意混配农药。棉田前茬的除草剂要选择残留期短、对棉花不敏感的药剂。

② 严格控制农药的使用浓度和剂量，要按照标准农药剂量使用，配准农药浓度，切忌加大用量和浓度，以免造成农药过量而发生药害。特别

是无人机喷药时更应注意。

③ 科学喷施农药，要根据天气、农药的剂型及性能，选择作物抗性较强的时间喷药，喷药要尽量均匀，做到不漏喷、不重喷。

④ 施药前后均要彻底清洗喷雾器，特别是常施用稻田除草剂的喷雾器如不清洗干净，极易发生棉田药害。喷施除草剂最好用专用的喷雾器。

⑤ 妥善处理剩余的药液，不能随意乱倒。

(2) 棉花药害的补救对策。当发现棉株叶片发黄、生长停滞、植株凋萎、畸形等药害症状时，应分析产生药害的原因，针对性地采取补救对策。

① 施肥促长。对叶面出现药斑、枯焦或黄化等症状的棉花，增施肥料可促进棉株生长，减轻药害，肥料以速效肥为主，一般每 667 m^2 用尿素 5 kg 左右。

② 水洗解毒。对用错农药品种的棉株，立即喷施大量清水淋洗，也可根据农药性能喷施对其有抑制解毒作用的药剂进行酸碱中和，对土壤农药残留而产生的药害可进行棉田灌溉洗毒，以减轻棉株中毒程度，降低药害。

③ 激素调壮。棉株发生药害后生长受抑，生理活性降低，可叶面喷施“920”、生长素等营养型、促进型的生长调节物质，以提高棉株生理活性，每隔 5 d～7 d 喷 1 次，连续喷施 3 次～4 次。

7.1.1.4 除草剂药害及预防

(1) 不同除草剂药害的症状。

① 2,4-滴丁酯。棉花对 2,4-滴丁酯最为敏感，受害后棉花叶片变小、变窄，呈“鸡爪”状。当受害严重时，果枝不能正常伸出，花、蕾生长发育受到影响。

② 氟乐灵。用量过大易造成棉花主根肿大，形成“粗根”，次生根系稀少，并可引发棉株第 2、3 片真叶皱缩、变小，植株长势弱。药害严重的还会造成棉花子叶深绿、增厚变脆、茎基部增粗、植株变矮，甚至会造成生长点坏死。

③ 草甘膦。棉花遭受草甘膦药害后，症状发展缓慢，一般在 7 d 后表现出受害症状。主要表现为初期棉花叶片自上而下轻度萎蔫，生长缓慢，植株变矮小，类似枯萎病症状。严重时根系逐渐腐烂，乃至整株死亡。

④ 乙草胺。乙草胺为封闭性土壤除草剂，若用量过大、浓度过高或者湿度大、气温高或者在沙质土壤使用，易造成棉花苗期药害。中毒症状

为棉苗子叶下部 1 cm 左右，出现变色、皱缩、干枯，严重的导致棉苗死亡。

⑤ 地乐胺。用量过大或者湿度大、气温高，造成棉苗出土后，叶片增厚、叶色浓绿、生长缓慢，形成小老苗。

⑥ 乙氧氟草醚。在高湿条件下或施药量偏大时，易发生药害，棉苗叶片出现黄褐斑、皱缩、生长受阻。该除草剂一般易引发触杀性药害，轻度药害一般对棉苗影响不大，20 d 后基本恢复，但较正常植株矮。

⑦ 噁草酮。在高湿条件下或施药量偏大时，易发生药害，棉苗叶片出现黄褐斑、皱缩，轻度症状下黄褐斑消失，但棉苗发育缓慢，较正常植株矮。

⑧ 扑草净。在用药量偏大或高温、高湿条件下，会使棉花的嫩叶片褪色、失绿和枯萎。

(2) 除草剂药害发生的原因。

① 喷药器械混用。棉花对 2,4 -滴丁酯非常敏感，喷过该类除草剂的器械，应该用洗衣粉和碱水反复冲洗。如未洗净，即使长时间放置后在棉花上使用，仍会对棉花造成药害。

② 喷药时发生飘移。在棉田邻近尤其是上风头，喷施含有 2,4 -滴丁酯和二甲四氯成分的除草剂，常因药液飘移而造成药害。

③ 用药量过大。用药量过大会造成药害。喷药不均匀，造成局部药液浓度过高，也会发生药害。

④ 喷药时操作不当。当使用草甘膦等灭生性除草剂防除棉花行间杂草时，若喷头上没有安装防护罩、喷雾器械存在跑冒滴漏或者喷药时不小心将药液喷到棉花上而造成药害。

(3) 预防措施。

① 正确选用药剂。施药前一定要看清商标，分清除草剂和杀虫剂，搞清哪种除草剂用于哪种作物，防止滥用、错用。在棉田上风头，禁止使用含有 2,4 -滴丁酯和二甲四氯成分的除草剂和对棉花产生药害的农药，防止药液飘移。

② 严格掌握施用技术。适期使用，施药均匀，做到不重喷、不漏喷。

③ 适量酌情使用。参考药剂使用说明，但药量应因环境条件而异。同一地区施用同一药剂量也随外界因子的改变而不同，要因时因地灵活掌握。黏土地（有机质含量高）、气温低、湿度小，用药量可以大些；反之，施药要适当减量，以免发生药害。

④ 注意加强防护。选择晴天施药，施药后 12 h～48 h 内应无大雨。喷雾方向应顺风或与风向成斜角，背风喷药时要退步移动。严禁把药喷洒

在附近的农作物上而产生药害。

用草甘膦等灭生性除草剂防除棉花行间杂草时，要选择无风天气，喷头上一定要安装防护罩，喷药时要压低喷头，避免将药液喷到棉花上。

无人机及大型喷药机械喷施除草剂时，更应注意安全距离。

⑤ 认真清洗药械。用过除草剂的药械要及时认真清洗干净，以免带到其他作物上造成药害。妥善保管好除草剂。除草剂用完后，余药应妥善保管，防止包装标签脱落。若发现标签丢失，应立即贴上新标签，标明该除草剂名称、施药方法，以防止在下一个用药季节将除草剂误当成杀虫剂、杀菌剂施用。

⑥ 防止间套作物产生药害。间套种棉田进行化学除草，不仅要防止对棉花造成药害，还必须防止间套作物产生药害。

在采取土壤处理的方法进行化学防除时，应尽量选择对已出土杂草效果较好的芽前土壤处理除草剂，如乙草胺、甲草胺、S-异丙甲草胺、氟乐灵、噁草酮等除草剂。既能杀死出土以前的杂草，对出土以后的杂草和在田作物也具有一定的杀伤作用。因此，对于间套作物在田期间一般不宜使用。

在采取茎叶处理的方法进行化学防除时，如与棉花间套作的为双子叶作物，应该尽量选择使用精吡氟禾灵、右旋吡氟乙草灵等选择性较强的除草剂。当使用的除草剂为草甘膦等灭生性除草剂时，无论与棉花间套作的是何种作物，喷雾时都必须安装安全罩进行低位定向喷雾，确保棉花和间套作物都不会喷到除草剂。

（4）补救措施。

① 及时查苗补苗。对封闭性除草剂所致棉苗死亡时及时查苗补苗。

② 及时解毒。喷施除草剂过量、浓度过大、误喷或邻近作物喷药造成的飘移药害，应立即用干净的喷雾器装入清水，对准受药害植株喷洒 3 次～5 次，清除或减少作物上除草剂的残留量。对于一些遇碱性物质易分解失效的除草剂，可用 0.2%的生石灰或 0.2%的碳酸钠清水稀释液喷洗作物。

③ 喷施生长调节剂。受 2,4 -滴丁酯和二甲四氯等除草剂药害的棉田，根据棉花受害程度，可以喷洒 1 次～2 次“920”溶液或芸薹素内酯类的药剂，以缓解药害，促进棉花生长，每隔 7 d～10 d 喷 1 次，连续喷施 2 次～3 次，可收到“起死回生”的效果。

④ 追施速效肥料。结合浇水追施速效化肥。还要叶面喷洒 1%～2%的尿素或 0.3%的磷酸二氢钾溶液，对促进作物生长、提高作物抗药害能力有显著效果。

7.1.2　肥害

肥料养分在棉花生产中的作用极其重要，肥料不足会造成棉株营养失调生长不良。但并非肥料越多越好，肥料过多也会使棉株代谢过程受阻，生长和产量降低，从而出现肥害。

7.1.2.1　肥害产生的原因

（1）施肥方法不当。主要是由于施肥过量而造成土壤中肥料浓度过高，或者是施肥时直接将肥料施用在棉株根部，从而造成根系灼伤，棉株不能正常生长。还有可能是根外喷肥浓度过大而灼伤叶片。

（2）肥料品种不对。如在棉花苗床中应用尿素作基肥，常会由于尿素中含有的缩二脲使棉苗中毒，造成棉苗地下部根尖萎缩死亡，地上部子叶变厚、叶片生长慢，并发生皱缩，植株矮化，甚至死苗。叶面喷施了不适宜作叶面肥的化肥，也常会发生肥害。过多地使用酸性肥料如硫酸铵、磷肥等，造成土壤 pH 过低，棉株易发生酸中毒。

（3）肥料质量不好。使用劣质肥料后，由于肥料中杂质过多、残酸量过高等也会造成棉株肥害。

7.1.2.2　肥害的症状

（1）施肥过多。当氮素营养过多时，容易造成棉株营养生长过旺，植株高大、疯长、叶茂，群体荫蔽，营养生长和生殖生长失调，中下部蕾铃大量脱落，贪青迟熟，纤维品质降低。当磷素过多时，生长期缩短，成熟过程加快，籽棉产量降低。叶面喷肥浓度过高，常造成灼烧焦枯、上卷，严重的可脱落死亡。

（2）施肥品种不对。棉花苗床中施用尿素，尿素中的缩二脲对棉花危害症状为棉株生长停滞，心叶难以抽出，其他叶片周围逐渐发生纵向皱缩，叶片周围出现棕褐色斑块或小斑点，严重的最终脱落死亡。

（3）使用方法不对。如因移栽时肥料直接施放在移栽穴中而造成的肥害，常表现为棉株根系变褐发黑、生长不良，新根发生慢且少，严重时导致地上部缓苗期长、红茎率高、僵苗不发。

7.1.2.3　棉花肥害的预防与恢复技术

（1）科学施用肥料。① 棉花苗床忌用尿素作种肥，而应用腐熟的农家肥及少量碳酸氢铵等作种肥。②施肥要适量。③叶面施肥的浓度适量，不能过高，前期叶面喷肥尿素 2%左右、磷酸二氢钾 0.2%左右为宜，后期尿素叶面喷肥浓度可适当提高。④不宜在棉株根部直接施用大量无机肥。

（2）选用优质肥料。要选购质量好的优质肥料，特别是当选用缓控释肥、复合肥和磷肥时更要注重质量。

（3）施肥后加强棉田水分管理。避免肥水碰头。低洼棉田则要防止雨后因雨水淋洗，使肥料集中在低洼处而造成局部肥料浓度过高对棉株生长产生危害。

（4）肥害恢复技术。针对不同肥害原因，采取相应的措施。一次施肥过量又遇雨涝时，要尽快将积水排出。棉花苗床缩二脲肥害死苗严重的应翻床重新播种。对肥害刚露头的，要及时浇水淋洗，并将水尽快排出，以降低土壤中的肥料溶液浓度。对受肥伤未死苗的，可在真叶长出后进行叶面喷肥及施用促进型生长调节剂，促壮补伤。对叶面喷肥浓度过高而造成棉株肥伤的，要立即用清水反复冲洗棉株叶片，以减轻肥害的损伤。

7.2 旱灾抗灾减灾技术

干旱是棉花生产中最为常见的一种自然灾害。冬春干旱不利于棉花播种出苗，夏秋干旱不利于棉花开花结铃。

7.2.1 棉花受旱的症状

7.2.1.1 花位

棉株正常开花是自下而上、由内向外的顺序。在正常条件下，第一果节位正在开花的果枝应与顶端生长变慢，相应开花速度加快，开花果枝与顶端果枝距离缩小。一般情况下，当开花果枝与顶端果枝距离不到 8 台时，说明土壤水分短缺，应及时补水；当距离不到 7 台时，说明土壤严重缺水，应迅速补水；当距离不到 5 台时，即使补水，棉花生长也难以恢复，常出现早衰。

7.2.1.2 叶位

棉株顶部 4 张叶片对肥水的反应比较敏感。不同生育阶段，顶部 4 片叶片的排列顺序不同。花铃期正常棉株的顶部 4 叶顺序应为 3－4－2－1 或 4－3－2－1；缺水时，顶芽生长及顶心伸展趋缓，顶部 4 叶的叶柄变短，其排列顺序变位 2－1－3－4 或 2－1－4－3，俗称“冒尖”现象。

7.2.1.3 顶节

缺水时，棉株节间生长缓慢，节间缩短，甚至有不同程度的扭曲，主茎顶端也明显变细，红茎比升高。

7.2.1.4 花蕾

生长正常的棉株，顶部 1 台、2 台果枝的花蕾大小有一定比例。当棉株缺水时，不仅蕾铃脱落增加，而且倒数第一台果枝上出现大小蕾现象，在顶部叶片未伸展时，蕾已明显可见。

7.2.1.5　叶片与叶柄

顶部4叶的大小与叶柄的长短，能反映棉花生长情况。正常棉花其倒4叶片的大小，应与倒5叶基本相仿。如果倒4叶比倒5叶明显变小、叶柄明显缩短，就说明棉株缺水，生长受抑。

7.2.1.6　叶色

在未进行化学调控的时候，如果棉花叶片变厚，呈暗绿色，无光泽，有时在中午时还会出现萎蔫，叶片主脉不宜折断，则表明棉株缺水。

7.2.2　棉田抗旱减灾技术

7.2.2.1　抗旱播种

一是抢墒播种，即在干旱期小雨后，趁土壤潮湿立即播种。

二是去干种湿，即推去上层干土，在下层潮湿土中播种。

三是借墒播种，即开穴点播下种后，用下一穴的湿土覆盖，促进出苗。

四是起垄播种，也就是在秋播时培成高20 cm左右的土垄，播种时把垄上干土推翻到垄间，再在垄上湿润土上播种。

五是带水点种，就是在棉花开穴播种后，在播种穴中浇水后再盖膜保墒。

六是干播湿出，播种后在播种行间铺设带有小孔的塑料管，管中通水，使水慢慢渗透到播种行，湿润种子周围的土层，渗透后收去管道再覆盖地膜。也可采用膜下滴灌，这种方法能有效地提高水分利用率，促进出苗。

7.2.2.2　大田抗旱技术

棉花生长期间力争抗旱浇水，棉花有抗旱能力。但严重干旱情况下生育受阻，造成减产。抗旱浇水的原则在于“开源节流”，就是努力开辟水源用于灌溉，尽量减少水分损失以供棉花所需。在棉田抗旱灌浇方面，应注意以下两点。

（1）主动抗及时抗。在棉花生育期抗旱要想达到较好的效果，必须以土壤含水量为依据，以棉株的生长形态及气象指标为参考。在棉田土壤含水量低于萎蔫系数（土壤含水量低于17%），并且已经对棉花的生长发育产生一定的影响时，考虑到近期有无降水及时进行抗旱。既要防止贻误抗旱时机，造成棉株受旱加重，又要防止盲目灌水，造成抗旱降水重叠，影响抗旱效果甚至造成棉田积水受涝或受渍等现象发生。

（2）速灌速排。棉田抗旱不宜在白天阳光直射下进行，一般要在18:00以后灌水，翌日清晨排清。高温季节应推迟至20:00以后灌水，以防止因棉田小气候骤变而造成不应有的蕾铃脱落。灌水方法上，要坚持沟灌，切忌大水漫灌；要坚持速灌速排，杜绝长时间水泡田现象，以确保抗旱效果。每次的灌水量应以保证湿润棉花根层土壤、满足棉株生育为标准。一般苗蕾期要浸透 40 cm～60 cm，花铃期浸透 60 cm～80 cm，吐絮期浸透 50 cm～60 cm。每 667 m^2 灌水量为：蕾期 20 m^3～30 m^3，花铃期 30 m^3～50 m^3，吐絮期 30 m^3 左右，灌水量宜小不宜大。有条件的地区，还可采用喷灌或滴灌等设备和方法，一般可比普通灌水抗旱的效果提高 20%以上。

7.2.2.3 地面覆盖

棉田实施地面覆盖，能有效地减少蒸发，蓄水保墒，达到抗旱增产的效果。

（1）地膜覆盖。棉田地膜覆盖不仅减少土壤水分蒸发，有良好保墒作用，而且能使土壤深层的水分上移聚集在上层，还有提墒的效果。从抗旱保墒考虑，要求覆盖度大，双行根区覆盖或宽膜覆盖较好；打孔放苗或播种定植后，要及时将播种定植孔连同地膜一齐封严压实，防止风吹揭膜，减少蒸发。发现地膜有破口，也必须用土封严压实。

（2）秸秆覆盖。秸秆覆盖不仅有保墒抗旱作用，而且秸秆还田有提高土壤肥力的效应。一般用麦秸、油菜秸、麦糠（颖壳）或玉米秸等在棉花行间进行覆盖。如苗蕾期覆盖，应在覆盖前施足追肥。秸秆用量以地面盖匀、盖严，但又不压棉苗为准，一般每 667 m^2 用 250 kg～500 kg。

7.3 渍涝灾害抗灾减灾技术

渍涝灾害是某一时期雨量过大、雨势过猛，积水不能及时排除，致使农田被淹、作物受涝。它是长江流域和黄河流域棉区棉花生长期间威胁最大的一种灾害，主要发生在夏季和初秋。夏季渍涝主要是由梅雨或台风带来的暴雨造成的。一般来说，棉花耐旱不耐渍涝。棉田积水，棉株受淹，会严重阻碍棉花正常生育，导致减产。从长远考虑，要建立高标准的棉田沟系，做到灌排分开、动力配套，能迅速、及时地排除渍水。如果棉田发生涝灾后，只要及时采取补救措施，可以有效减轻灾害损失。

7.3.1 棉花渍涝灾害分级

据观察，棉花受渍涝后外部形态表现为根毛减少，叶片变黄，株高生长及出叶速度减慢，严重的造成根系变黑腐烂，果枝萎缩，蕾铃脱落，直至棉株死亡。受渍涝时间的长短不同，棉花受害的程度也不同，一般分 6 级（表 7－1）。

表 7-1　棉花渍涝灾害分级及分类补救措施

受害级别	受害程度	涝渍时期、涝渍历时、涝渍程度及棉花受害状况	补救措施
1级	轻微受害	属于如下情形之一，且棉花预计减产小于5%： ——生育期内仅发生1次受渍过程，且地下水埋深小于30 cm的持续时间小于2 d； ——苗期、蕾期淹水4 d内，且大部分叶片未淹没； ——苗期淹水没顶1 d内	及时疏浚“内三沟”和“外三沟”，尽快排水
2级	轻度受害	属于如下情形之一，且棉花预计减产10%左右： ——生育期内仅发生1次受渍过程，且地下水埋深小于30 cm的持续时间小于4 d； ——生育期内发生多次受渍过程，且地下水埋深小于30 cm的时间10 d； ——苗期淹水8 d、蕾期淹水6 d，且大部分叶片未淹没； ——苗期淹水造成10%以上棉株死亡； ——蕾期淹水没顶1 d内	及时疏浚“内三沟”和“外三沟”，尽快排水。叶面喷施水溶肥和植物生长调节剂
3级	中度受害	属于如下情形之一，且棉花预计减产20%左右： ——生育期内发生多次受渍过程，且地下水埋深小于30 cm的时间为20 d； ——在涝渍伴随发生条件下，花铃期受涝持续时间4 d，地下水埋设小于30 cm的持续时间为7 d； ——无论苗期、现蕾期还是花铃期，15 d内多次受涝、受渍，且受涝累计时间不超过3 d； ——苗期淹水10 d、蕾期淹水8 d、花铃期淹水4 d，且大部分叶片未淹没； ——蕾期淹水造成10%以上棉株死亡； ——花铃期淹水没顶1 d内	及时疏浚“内三沟”和“外三沟”，尽快排水。及时补施恢复肥。叶面喷施水溶肥和植物生长调节剂。适当推迟打顶时间
4级	重度受害	属于如下情形之一，且棉花预计减产30%左右： ——在涝渍伴随发生条件下，花铃期受涝持续时间4 d左右，地下水埋设小于30 cm的持续时间为7 d左右； ——无论苗期、现蕾期还是花铃期，15 d内多次受涝、受渍，且受涝累计时间5 d； ——蕾期淹水10 d、花铃期淹水6 d，且大部分叶片未淹没； ——花铃期淹水造成20%以上棉株死亡； ——淹水没顶3 d	及时疏浚“内三沟”和“外三沟”，尽快排水。及时补施恢复肥。叶面喷施水溶肥和植物生长调节剂。适当推迟打顶时间

（续）

受害级别	受害程度	涝渍时期、涝渍历时、涝渍程度及棉花受害状况	补救措施
5级	严重受害	属于如下情形之一，且棉花预计减产40%左右： ——在涝渍伴随发生条件下，花铃期受涝持续时间10 d，地下水埋设小于30 cm的持续时间为12 d； ——无论苗期、现蕾期还是花铃期，15 d内多次受涝、受渍，且受涝累计时间10 d； ——花铃期淹水10 d，且大部分叶片未淹没； ——蕾期、花铃期淹水造成30%以上棉株死亡； ——淹水没顶5 d	及时疏浚“内三沟”和“外三沟”，尽快排水。及时补施恢复肥。叶面喷施水溶肥和植物生长调节剂。适当推迟打顶时间。改种或补种其他作物
6级	特重受害	属于如下情形之一，且棉花预计减产50%以上： ——在涝渍伴随发生条件下，花铃期受涝持续时间10 d以上，地下水埋设小于30 cm的持续时间15天以上； ——无论苗期、现蕾期还是花铃期，15 d内多次受涝、受渍，且受涝累计时间10 d以上； ——淹水造成50%以上棉株死亡； ——淹水没顶5 d以上	及时疏浚“内三沟”和“外三沟”，尽快排水。及时补施恢复肥。叶面喷施水溶肥和植物生长调节剂。适当推迟打顶时间。改种或补种其他作物

7.3.2 灾后棉花恢复生长的特点

棉花抗逆性较强，具有较强的再生力。受渍涝灾害后，只要顶心不死，具备生长条件时就能恢复生长发育。其特点：在排水后，棉株有一定时间处于生长极缓慢的相对休眠状态，3 d～4 d后逐渐恢复生长，20 d后生长速率明显加快，伴随新叶的发生，腋芽发育成果枝、蕾、花、铃。但棉株各器官的生长特点不尽相同，主要表现为株高增长相对加快、主茎出叶速度快于未受涝棉株、果枝生长出现多极化现象等。

7.3.3 灾前预防

7.3.3.1 棉田整地

棉田整地田面平整度超过10 cm的田块须进行整地，并符合下列要求：

——以格田作为土地平整的基本单元，格田田面平整度不应超过10 cm。

——格田长边宜沿等高线布置。每块格田均须在农渠、农沟上分别设置进水、排水口。

——格田以长度 60 m～120 m、宽度 20 m～40 m、横向坡降 1/800～1/500、纵向坡降 1/800～1/500 为宜。

——丘陵岗地、平原坡地可根据地形复杂程度及耕作条件作适当调整。

7.3.3.2　棉花品种选择

宜选择耐涝渍性强和优质、高产、抗病虫性能好的棉花品种。

7.3.3.3　疏浚“内外三沟”

播种或移栽前后，疏浚“外三沟”。播种或移栽后，疏浚“内三沟”。

7.3.3.4　健株栽培

采用测土配方施肥、各生育期合理施肥、合理化调、病虫草害综合防控等措施，培育健壮的棉花群体和个体。

7.3.4　灾中控制

发生涝渍灾害时，应及时清理、疏通“内三沟”和“外三沟”，在 2 d～3 d 内排除田间积水。如无法及时排除积水，应在 3 d～5 d 内排除地面积水并将地下水水位降至棉花耐渍深度（不影响作物正常生长的地下水位埋藏深度）以下。苗期耐渍深度 30 cm～50 cm，蕾期耐渍深度 50 cm～70 cm，花铃期耐渍深度 70 cm～100 cm。

7.3.5　灾后补救

7.3.5.1　分级改种、套种其他作物

参考表 7－1，根据受害级别和受害程度，进行改种或套种生育期短的其他作物：

——受害级别为 5 级、6 级时：7 月 20 日前可改种特早熟水稻；7 月 20 日后可改种绿豆、秋甘薯、荞麦等作物。

——受害级别 2 级、3 级时：缺株 30％以上的，根据不同缺株程度，可间套种绿豆、蔬菜等作物。

7.3.5.2　及时疏浚“内三沟”和“外三沟”，尽快排水

及时疏浚“内三沟”和“外三沟”，尽快排除田间积水和耕层渍水。

7.3.5.3　扶理棉株、清洗叶面

棉株倒伏严重时，可顺行轻扶棉株，并壅土护根。叶面污泥较多时，用喷雾器喷清水冲洗。

7.3.5.4　中耕松土、补施肥料

灾后排干田间积水、棉田土壤相对湿度≤90％时，可中耕松土。

灾后3 d～7 d，用1%的尿素溶液和0.5%的磷酸二氢钾溶液，加促进型生长调节剂，如芸薹素内酯0.02 mg/L+胺鲜酯（DA-6）10 mg/L或赤霉素10 mg/L，每7 d喷1次，喷2次～3次。

蕾期至花铃期发生涝渍灾害时，灾后排干田间积水、棉田土壤相对湿度≤90%时，每公顷追施尿素、氯化钾各75 kg～120 kg。

7.3.5.5 推迟打顶

可根据灾后棉株恢复情况，适当比常年推迟7 d～10 d打顶。

7.3.5.6 病虫草害防控

发生渍涝灾害后，棉田易发生病虫草害，应及时防控。

7.4 台风抗灾减灾技术

每年6月—10月台风活动频繁，通常称为“台风季节”。台风对棉花的危害主要是因为大风和暴雨，长江流域和黄河流域棉区棉花平均每年都要被危害1次～2次。

7.4.1 台风对棉花的影响

由于台风的风力较大，特别是在8月—9月发生的台风还伴有暴雨，因而常会对棉花造成严重的机械损伤和水灾，影响较大。

7.4.1.1 机械损伤

台风过境，风力强劲，雨水冲刷，棉株根系松动，棉株连片倒伏。果枝折断，叶片翻转和破碎。

7.4.1.2 蕾铃脱落

一是台风机械损伤造成蕾铃直接脱落；二是因棉花机械损伤造成生理机能下降，加之棉田积水后土壤通气性差，棉株根系生长环境恶劣，吸水吸肥能力下降，生长生育受损，而导致蕾铃大量脱落。

7.4.1.3 烂铃增加

由于棉花倒伏，棉株中下部果枝着地，棉株间相互压盖，通风透气不良，田间湿度大，因而病菌繁殖加快，烂铃数迅速上升。

7.4.1.4 急性生理性死亡

强台风过境后，棉株损伤严重，根系生理活动几乎停止，如出现阴晴急变天气，在高温下棉株蒸腾加剧，棉花就会发生不同程度的萎蔫。数天之后，棉花叶片干枯脱落，早枯早衰死亡，严重影响中上部棉铃发育充实，产量损失可达20%～30%。

7.4.2　台风的防御和减灾技术

7.4.2.1　超前预防

预防台风要立足于早，要抢在台风多发季节之前，做好各种防台准备。一是促进棉花早发，增强根系抗倒能力；二是要搞好棉田水系，降低内河水位，加快棉田积水的排除；三是在蕾期进行棉田中耕培土壅根，提高棉株根部支撑能力，增强抗倒强度。

7.4.2.2　迅速排除田间积水

棉花有较强的补偿能力，灾后迅速排除田间积水，可使棉株尽快恢复生机，减少蕾铃脱落和产量损失。

7.4.2.3　突击扶理棉株

棉株倒伏后，只要及时扶理，就能立即改变田间小气候，改善通风透气条件，减少蕾铃脱落，减轻倒伏损失。因此，要抓住棉田土壤不干不湿的时机抢扶棉株，促进棉花迅速恢复生长。扶理方法上，要根据棉株倒伏的不同程度，适当轻扶、巧扶、顺行扶，切忌硬扶。要顺着棉花倒伏的方向下田，轻轻将棉株扶起理正，然后在基部壅土护根。不能用力过猛，更不能一次拉过头或猛踩，以防止人为机械损伤，导致棉花后期早衰。

7.4.2.4　及时补施恢复肥

棉花遭受台风吹刮后，棉株器官损伤严重，生理机能下降，加之棉田经暴雨冲刷，肥料大量流失。因此，及时补施恢复肥，对确保棉花恢复生长的营养需要、延长叶片功能期十分重要。补肥可采用叶面喷肥和根部施肥相结合的方法。

7.4.2.5　抢摘黄铃

棉株灾后烂铃增加，要及时抢摘黄铃，减少损失。黄铃抢摘后，要尽快摊开晾晒，让其自然吐絮，不宜立即剥铃，影响铃壳养分向纤维输送。如遇阴雨天气，则可用乙烯利催熟，即每 50 kg 黄铃用 200 mL 40%的乙烯利加水 2.5 kg 喷洒，覆膜堆闷 4 h～5 h 后摊开晾干，待棉铃开裂吐絮较畅时采收。

7.5　雹灾抗灾减灾技术

冰雹是对棉花生育影响最大的一种突发自然灾害。它发生时间虽短，但由于来势猛，机械性破坏大。雹灾在我国三大棉区均可发生，且主要发生在 5 月—7 月，严重威胁着棉花生产。

7.5.1 棉花雹灾分级及对策

棉田受灾程度的轻重，主要取决于冰雹密度、冰粒直径的大小以及冰雹发生时间的长短，按其受灾程度可分 5 级（表 7－2）。

表 7－2 棉花雹灾分级及分类补救措施

危害级别	危害程度	受害状况	减产预期	补救措施
1 级	轻度危害	叶片破损，顶尖完好，果枝砸掉不足 10%，花蕾脱落不严重	有效期内能自然恢复，基本不减产	及时排水，中耕降渍；喷施 2%尿素溶液＋生长调节剂；及时整枝；新疆棉区早灌头水，减少施肥；后期喷施乙烯利
2 级	中度危害	落叶、破叶严重，主茎完好，果枝断枝率 30%以下，断头率＜50%，多数花蕾脱落	生育进程处于初花期前后，可较快恢复生长，减产较轻	及时排水，中耕降渍；喷施 2%尿素溶液＋生长调节剂；及时整枝；新疆棉区早灌头水，减少施肥；后期喷施乙烯利
3 级	重度危害	无叶片，主茎叶节基本完好，腋芽完整，果枝断枝率 60%以上，断头率 50%～70%	有效期内加强管理，能恢复生育，一般减产 30%～40%	受害处在棉花有效蕾期内时，加强管理，可不毁种；有效蕾期不足时，根据雹灾发生时期，改种其他当地适宜的作物
4 级	严重危害	无叶片，无果枝，光秆，30%以上腋叶完好，叶节大部完好	有效期内加强管理，有一定收获，但减产幅度大	受害处在棉花有效蕾期内时，加强管理，可不毁种；有效蕾期不足时，根据雹灾发生时期，改种其他当地适宜的作物
5 级	特重危害	光秆，腋芽不足 30%，叶节大部被砸坏	有效期内很难恢复，基本绝收	根据雹灾发生时期，改种其他当地适宜的作物

7.5.2 雹灾后棉花生长特点

棉花具有很强的自我调节能力，受雹灾后，棉株一般都有 5 d 左右的自我调节恢复期；如主茎生长点未被打断，棉株受灾后生育进程推迟，成铃高峰推后，成铃数减少；如主茎生长点被打断，棉花生长慢，恢复期长，成铃高峰不明显，成铃减少。

7.5.3　灾后减灾技术

7.5.3.1　查明情况，决定对策

对受灾棉田的改种应从受灾时间和受灾程度两方面来考虑。光秆绝收的田块，不论何时受灾，都应改种其他作物；一般在7月上旬前受灾，棉株断头光秆在60%以上，可考虑改种其他作物；如在30%～60%，应及时补种其他作物；如在20%以下，可以不改种不补种，继续加强管理减少损失。如果受灾较早，也可重新移栽棉花。

7.5.3.2　及时清沟理墒，中耕培土争早发

冰雹发生时常伴有狂风暴雨，灾后棉花除有严重的机械损伤外，还发生倒伏和棉田积水。因此，应及时疏通田间沟系，排水降渍，中耕培土，改善棉花生长环境，尽快恢复根系正常生长，争早发。

7.5.3.3　叶面追肥促长，调整后期施肥策略

棉株受灾后，体内正常的生理代谢打乱，生理活性降低，吸水吸肥能力下降，应及时进行叶面喷施肥料和植物生长调节剂，以提高棉株生理活性。追肥一般在受灾后1周左右进行，即多数棉株已出新芽时，每667 m^2施尿素5 kg～10 kg，促进恢复生长。

灾后施肥应调整策略：一方面，以“少食多餐”为宜，即每次施肥量不宜过多，而要增加施肥次数。另一方面，要适当推迟花铃肥的施用时间，一般在7月中旬左右追施第一次花铃肥，每667 m^2 用尿素10 kg左右；在7月底8月初追施第二次花铃肥，每667 m^2 用尿素15 kg左右；8月中旬还要视苗情追施5 kg～10 kg的长桃肥。花铃肥和长桃肥用量不宜太多，以防贪青迟熟。中后期受灾，可用2%尿素加0.5%磷酸二氢钾水溶液叶面喷施。

7.5.3.4　推迟整枝留叶枝

棉株受雹灾后，许多生长点被打断，在恢复生长时会长出许多腋芽。因此，科学整枝对受雹灾棉田特别重要，应推迟整枝，对主茎被打断的棉株应选择1个～2个优势叶枝，去除其他叶枝和赘芽，主茎未被打断的棉花也要及时去除叶枝和赘芽。

7.5.3.5　防治病虫害保成铃

应及时防治伏蚜、盲蝽、棉铃虫及铃病等病虫害。

7.5.3.6　合理化调，喷乙烯利促早熟

由于雹灾后棉花生长较慢、长势较弱，因此蕾期、初花期应尽量少控或不控，盛花期可视棉苗长势适当轻控，以减少无效花蕾，防止棉株疯

长，提高秋桃成铃率。另外，由于灾后棉株结铃高峰后移，后期棉铃多，晚秋桃比例高，又因施肥时间推迟，施肥总量增加，常会出现贪青迟熟现象，必须进行化学催熟，催熟时间也要比正常田块适当推迟，一般在10月底前，喷施40%乙烯利，促进棉铃成熟，提高棉花品质。

7.6 低温冷害抗灾减灾技术

7.6.1 低温冷害分类和诊断

低温冷害，是当温度低于棉花某生育期所需要的最低温度时给棉花生产造成的危害。按低温的程度，又分为冷害、霜冻和冷冻3种。①冷害：指0℃以上低温对棉花种子、幼芽、幼苗和其他生育期棉株的危害。表现为棉苗叶肉褪色呈淡绿色，叶缘上卷，凹曲，呈勺状，棉苗生长缓慢。②冻害：指0℃以下低温对棉花种子、幼芽、幼苗和其他生育期棉株的危害。其症状表现为棉苗受冻害，叶片很快枯缩脱落，顶芽乃至茎部变黑死亡。后期成株遇害，植株各组织均脱水，引起嫩枝、顶梢、新叶弯曲变形，枝叶凋枯，生长停滞，棉纤维停止发育，棉籽不成熟。根据低温时间的长短，分为霜冻和冷冻，时间短的称为霜冻，时间长的称为冷冻。

冷害在棉花前后生育阶段都可发生，其中以播后至出苗期发生频率最高，对棉花生产影响也最大。低温冷害是早熟、特早熟棉区最常见的气象灾害之一，常常造成这些棉区大面积补种，甚至重播；其次是苗期和吐絮期；蕾期和花铃期发生频率较低，影响较小。

棉花的抗冻能力随叶龄增加面减弱，经过适应锻炼的棉苗，子叶可耐−4℃～−3℃低温2h，一般死苗率较低，1片真叶可耐−2.5℃～−1℃低温2h，2片真叶可耐−1℃～−0.5℃低温2h。

以新疆棉花为例，霜冻分为春霜冻（晚霜冻、终霜冻）和秋霜冻（早霜冻、初霜冻）。

7.6.2 主要对策

7.6.2.1 **倒春寒**（春霜冻、播后至苗前冷害和苗期冷害）

（1）主要特点。4月—5月是新疆棉花播种至出苗的关键季节，此时冷空气活动频繁，时常出现倒春寒天气，出现春霜冻、播后至苗前冷害和苗期冷害，致使棉苗受冻死亡，造成严重灾害，导致重播，使棉花产量下降，品质降低，造成很大的经济损失。

“适期早播”是常采用的高产措施之一，而其最大的威胁就是冷害，造成烂种、烂芽。据研究，棉花烂芽的发生主要是在≤12℃的气候条件下出现。因此，日平均气温≤12 ℃是烂芽的温度指标。

在湿润条件下，二叶龄棉苗在−1.8 ℃时，全部死亡；而在干旱条件下，在−3.2 ℃时，仅死亡 56.3%。因此，霜前有降水的天气过程时，在同样低温的情况下，冻害会明显加重。研究还指出，膜下播种（先播种后覆膜）的棉苗，出苗前后抗霜能力弱，受冷害往往比较严重，一般气温降到 2 ℃时、地面温度为−2 ℃～−1 ℃时为临界霜冻指数。而膜上点播（先覆膜后播种）的棉苗，当气温降到−1 ℃、地面温度降到−4 ℃时，棉苗才受到霜冻危害。苗期棉花遭遇短时低温造成的冷害，幼苗子叶、真叶或幼茎呈现紫红色；当气温回升后，紫红色症状逐步消失。

（2）主要对策。

① 根据气象预报确定棉花播种期，确保棉花在霜前播种霜后出苗，防止过早播种，一般南疆 4 月 10 日以后播种，避开霜冻危害。

② 精选种子，选用经过硫酸脱绒、用含有杀菌剂的种衣剂包衣、发芽率和发芽势强的种子，以提高出苗率，减少烂种率。

③ 低温高湿环境下棉花易烂种烂芽，播种时应掌握适宜的墒度，抢墒播种，采用地膜覆盖点播技术，可有效预防霜冻。

④ 倒春寒来临之前，可释放烟雾覆盖棉田，提高棉苗抗冻能力，可增温 2 ℃～3 ℃。

⑤ 霜冻发生后要及时放苗封洞，及时解放顶膜的棉苗，通过烟熏提高棉苗抗冻能力。

⑥ 科学判断，及时补种，加强受冻棉花管理，不宜轻易重播。

7.6.2.2　秋霜冻

（1）主要特点。秋季霜冻是指因 0 ℃以下短暂低温造成棉株上部叶片大量死亡的现象。秋季霜冻的早晚，对棉花产量和品质的影响很大。初霜期过早，轻则造成中上部叶片早枯，使中上部棉铃的铃重减轻，霜后花增多，棉花产量和纤维品质受到一定程度的影响；重则造成棉株全株枯死，严重减产，霜后花大幅度增加。在江苏，当秋季最低气温降至 5 ℃以下时，便会出现霜或霜冻。棉株受冻害后，青铃冻伤，僵瓣黄花增多，纤维品质明显变差。据统计，高温早熟年，育苗移栽棉花霜后花只占 5%左右；正常年，霜后花占 43%；低温迟熟年，霜后花占 91%。沿江和沿海棉区棉花通常迟发迟熟，因此低温迟熟年霜冻危害较大。一般 10 月底以前吐絮的棉花多数能避免霜冻危害；11 月上旬以后吐絮的棉花受霜冻危害的概率急剧增加。在新疆，秋季早霜对棉花生产的影响更大。

（2）主要对策。

① 选用与当地热量条件和无霜期相适应的品种。

② 加强田间管理，中后期控制氮肥用量和灌溉，霜冻前 1 d 或当天灌水，可提高气温 1 ℃～3 ℃，增强植株抗冻性。

③ 用整枝、去叶、打顶等方法防贪青促早熟。

④ 根据当地历年的初霜期和长期气象预报，科学确定打顶期，争取初霜冻前棉花成熟。

7.6.2.3 延迟型冷害

西北内陆棉区和辽河流域棉区常因延迟型冷害而造成不同程度的减产。

（1）主要特点。

① 伤害的隐蔽性，即棉株形态上没有明显的伤害表现，容易被忽视。

② 作用的长期性，即低温对棉花的影响不是短暂的 1 d～2 d，而是具有较长时间的低温效应。

③ 影响的滞后性，即它对棉花的影响不是即时表现出来，而是在以后很长时间甚至生长终结才表现出来。因此，延迟型冷害对棉花的危害主要表现为前期迟发、后期晚熟、产量降低、品质变差。

（2）主要对策。

① 选择早熟或特早熟类型品种。

② 采用促早发技术，如地膜覆盖、宽膜覆盖、高密度种植，以密争早。

③ 加强管理，如早整枝、早打顶、控施氮肥、减少灌溉水用量、防治病虫害、化学催熟等。

7.7 高温热害抗灾减灾技术

7.7.1 高温热害的发生特点

高温热害是指棉花遭遇气温≥35 ℃的高温和≥38 ℃以上的极端高温造成的伤害，主要发生在长江中下游、黄淮平原、新疆南疆和东疆棉区，发生时间大多在 7 月—8 月。除此之外，由设施育苗和地膜覆盖保护栽培引发的高温热害也较常见。

7.7.1.1 高温热害症状

棉株干枯，叶片出现坏死斑，叶色变黄、变褐，叶尖枯死；幼嫩蕾铃变黄、干枯；出现雄性不育，花粉生活力下降或花粉不能萌发，不能授粉受精，引起蕾铃脱落，成熟棉铃内不孕籽增加等异常现象。东疆和南疆还有“干热风”致“干蕾、干铃”症状。

7.7.1.2　高温热害的表现

(1) 苗期热害。当天气晴朗、气温达到28℃时，1 h后小拱棚覆盖薄膜苗床内温度可达到40℃以上；当气温超过30℃时，1 h后苗床内温度可达到48℃以上。幼苗热害先是在苗床的边缘，随后扩展至全苗床。出现热害症状初期，若降温、通风措施不当，将引起大量烂种、死苗。地膜覆盖棉花在出苗至破膜放苗前遭遇高温伤害，导致棉芽、棉苗灼伤。当日最高气温超过30℃时，膜内温度超过50℃，幼苗被高温烫伤，7 d后死苗率达到13%，黄叶率达90%。

(2) 花铃期热害。7月—8月日照充足，太阳辐射强度大，气温高，并常常伴随着干旱，持续高温天气易引起棉花的雄性发育不良，花药不开裂、不散粉，花粉数量少，花粉活力低或不能产生花粉等生殖障碍，使授粉受精过程受阻，造成蕾铃脱落。

新疆东疆和南疆部分棉区高温热害则以“干热风”形式出现，一般多在7月中下旬至8月初发生。这一阶段空气干燥，高温和大风导致植株缺水，幼蕾、幼铃在缺水、高温和营养亏欠等多重胁迫条件下形成“干蕾、干铃”症状，其中长绒棉危害更重，表明其对水肥更为敏感。吐鲁番盆地夏季炎热，高温酷暑，7月—8月的月平均最高气温达38℃，40℃以上极端高温日数达40 d，加剧蕾铃脱落。据研究，在昼夜温度35℃/27℃条件下，有10%的棉铃和花蕾脱落；在40℃/32℃高温条件下，花芽全部脱落。我国大多数陆地棉品种在花铃期遇40℃/32℃的高温胁迫5 d～7 d，均会因热害而加重蕾铃脱落，导致产量下降。

7.7.2　高温热害的防治

7.7.2.1　苗期热害防治

4月—5月，采用小拱棚覆膜保护育苗，当气温超过20℃时，注意苗床通风；晴天气温超过25℃时，要及时揭膜降温。地膜覆盖棉田遭遇高温，要注意及时破膜放苗，防止薄膜与幼苗的接触，必要时可揭开地膜。

7.7.2.2　花铃期热害防治

(1) 选育或选用耐高温品种。选育或选用耐高温的棉花品种是防治热害的有效途径之一。

(2) 灌溉降温。花铃期遇持续高温干旱天气，通过灌跑马水、喷灌和滴灌等方法可降低棉田空气温度、土壤温度和叶面温度。西北棉区要加强灌溉和营养管理，减轻高温热害。

（3）抗虫棉加强害虫防治。高温胁迫条件下，Bt 转基因抗虫棉的蛋白质合成受阻，杀虫毒蛋白含量降低，抗虫性减弱，易受棉铃虫等鳞翅目害虫的危害。因此，高温期间应加强虫害预测预报，采取积极的害虫防治措施，减少高温对棉花生产的伤害。

（4）杂交制种防御措施。高温期间杂交制种过程中，由于高温对棉花雄性器官的影响大于雌性器官，而持续高温常常使父本花粉减少、花粉生活力下降，不利于制种产量的提高。因此，高温期间给母本授以充足的有活性的花粉，是防止高温对杂交棉制种产生不利影响的有效措施。大田棉花在生产中，也可以通过人工辅助授粉弥补授粉受精不良，以减轻热害的影响。

此外，早期对萌动种子进行 42 ℃的热处理，在高温条件下热激蛋白活性增强，可提高棉花对热害的耐受程度，减少高温条件下的蕾铃脱落。

7.8 新疆棉花抗灾减灾技术

新疆是我国最大的棉区，属温带干旱、半干旱荒漠气候区。棉田分布在准噶尔盆地东西南缘，环塔里木盆地边缘，被阿尔泰山、天山、喀喇昆仑山所环绕，形成三山夹两盆的地貌。不仅具有典型的大陆性气候特征，而且盆地的增温效应显著，十分适宜种植棉花。但自然灾害也十分频繁，主要有冷态年型（夏秋季的低温冷害、冷害年）、霜冻（春霜冻、秋霜冻）、倒春寒（4 月—5 月）、风灾（4 月—5 月）、苗期低温冷害、苗期热害、夏季高温、干旱（3 月—4 月春旱、6 月—7 月夏旱、秋枯）、干热风（7 月中下旬至 8 月初）、冰雹（一般在 5 月—9 月，80%集中在 5 月—8 月，6 月—8 月发生频率较高，最多的是 6 月—7 月）。

7.8.1 冷态年型

冷态年型是指≥10 ℃、≥15 ℃、≥20 ℃积温明显低于历年平均值，造成棉花产量品质显著下降的气候年景。一般≥10 ℃积温比历年平均值减少 300 ℃就可界定为冷态年型（或冷害年）。一般是夏、秋季出现持续气温偏低导致棉花不能正常成熟而减产，称为夏、秋的低温冷害。

主要对策：关注中长期气象趋势预报，选用早熟品种；划分棉田类型，分类管理，以促早发早熟为重点，早打顶，早停水。

7.8.2 干旱

见第七章中的 7.2。

7.8.3 冰雹

见第七章中的 7.5。

(1) 预防。常发生在 5 月中旬至 7 月中旬，应做好区域人工消雹联合作业。

(2) 补救。一是加强水肥管理，促进受灾棉花尽早恢复；二是灾后棉株结铃后延，晚秋桃比例高，贪青晚熟现象明显，因而及时化学催熟；三是雹灾危害达到 3 级～4 级（光秆率 50%以上）田块，灾后应及时补种或重新播种，但是，棉花重种时间不能迟于 5 月 20 日，补种或重新播种的棉花品种应选择特早熟棉花品种。

7.8.4 冷害、霜冻和倒春寒

见第七章中的 7.6。

（1）地膜植棉，适墒整地，不偏湿播种。

（2）种子须精选和包衣。

（3）播种后清理膜面，增加采光面。

（4）播后中耕，提高地温。

（5）在棉花出苗后，及时喷施含氮、磷、钾素的叶面肥和刺激生根的激素，对低温导致根腐有积极预防作用。

（6）低温导致烂种烂芽达到 40%以上，须立即重播。

7.8.5 风灾

风灾是新疆棉花常见灾害，主要集中在春季，一般 4 月—5 月春季大风较频繁、级别也较高，常达到 6 级～10 级及以上、持续时间较长，并伴有沙尘，对地膜棉花影响极大。大风的危害主要是风力对棉花的机械破坏作用。一般 5 级以上大风就可造成棉花危害，8 级大风就会形成棉花重灾。

7.8.5.1 风灾危害

出苗前风灾可造成揭膜，降低地温和土壤墒度，影响出苗率和出苗速度。苗期风灾可造成嫩叶脱水青枯，大叶撕裂破碎，棉苗大片倒伏、折断、根系松动外露、生长点青枯，叶片刮断，形成光秆等，土地严重跑墒；重则棉苗被吹死或埋没，造成严重缺苗断垄，甚至多次重播或改种。

风灾分为 4 级：

0 级：棉株基本无风沙危害症状。

1 级：棉株倒 1 叶青枯，倒 2、3 叶边缘青枯，生长点正常。

2 级：棉株全株真叶青枯，子叶和生长点基本正常。

3 级：棉株子叶与真叶全部青枯，子叶节以上主茎青枯并弯曲，生长点青干。

7.8.5.2 风灾预防

根据风害症状，把风害分为不同等级，根据不同级别进行救灾补灾。

① 做好预测预报、大力营造农田防护林网、改善农业生态环境是防御大风灾害的根本措施。

② 做好压膜，调节好播种深度，降低风速。

③ 抗灾技术采用抗倒伏品种、播种深度不宜太浅等；采用与风向垂直的行向，棉苗受风危害较轻。采用沟播能有效地防御大风的危害。

④ 大风来临之前，沙土地应采取棉区膜上加土镇压、耙精中耕、摆放防风把（可用棉秆、芦苇秆）、支架放风带（化纤带）等以降低棉花受害程度。

⑤ 加强肥水管理，风灾棉区在受灾后及时进行中耕追肥。风后及时抢播、补种。

⑥ 在正常棉花播种行一侧播上一行小麦，防风灾效果突出。

7.8.5.3 主要对策

棉花再生能力、补偿能力强，根据损失程度确定翻种、补种、改种方案。

（1）一般损失 50%以下棉田，受害级别在 2 级以上的棉株占棉田 85%～90%，只需人工催芽补种。

（2）死苗、生长点损失和全株叶片青枯达 50%以上的棉田，3 级受害棉株达棉田 80%～90%时，抓住时机及时翻种。

（3）如受害级别、受害株率均高，受灾时间晚，可改种。

7.8.6 苗期热害、花铃期高温热害与干热风

见第七章中的 7.7。

7.8.7 苗期降水灾害

（1）调整播种期来避免灾害。

（2）对未出苗棉田，雨灾后立即破土壳，若破壳不及时，会造成苗长偏，出苗困难，甚至出现土下僵死苗现象。降水后还应及时中耕松土，破除棉苗周围的板结层，疏松土壤，增强棉苗根系周围的透气性，降低土壤湿度，促进根系发育，防止发生棉苗烂根现象。雨灾导致保苗低的棉田，应及时补种，缺苗严重的须重播。播种时采用种植行覆土延后保苗技术，效果较好。

附录

附录1　棉花抗旱性鉴定技术规程（NY/T 3534—2020）

ICS 65.020.01
B 04

中华人民共和国农业行业标准

NY/T 3534—2020

棉花抗旱性鉴定技术规程

Technical code of practice for identification of drought resistance in cotton

2020-03-20 发布　　2020-07-01 实施

中华人民共和国农业农村部　发布

前　　言

本标准按照 GB/T 1.1—2009 给出的规则起草。

本标准由农业农村部种植业管理司提出并归口。

本标准主持起草单位：中国农业科学院棉花研究所、安徽中棉种业长江有限责任公司。

本标准参与起草单位：新疆农业科学院经济作物研究所、河南省种子管理站、新疆维吾尔自治区种子管理总站、安徽省农业科学院棉花研究所。

本标准主要起草人：王延琴、陆许可、马磊、匡猛、王俊娟、金云倩、艾先涛、周大云、方丹、徐双娇、蔡忠民、王爽、荣梦杰、唐淑荣、张文玲、高翔、黄龙雨、吴玉珍、周关印、王俊铎、郑巨云、梁亚军、龚照龙、阚画春、王维。

棉花抗旱性鉴定技术规程

1　范围

本标准规定了棉花抗旱性鉴定方法及判定规则。

本标准适用于棉花品种及种质资源的抗旱性鉴定。

2　规范性引用文件

下列文件对于本文件的应用是必不可少的。凡是注日期的引用文件，仅注日期的版本适用于本文件。凡是不注日期的引用文件，其最新版本（包括所有的修改单）适用于本文件。

GB 4407.1　经济作物种子　第1部分：纤维类

GB/T 3543.3　农作物种子检验规程　净度分析

GB/T 3543.4　农作物种子检验规程　发芽试验

3　术语和定义

下列术语和定义适用于本文件。

3.1

抗旱性　drought resistance

作物在干旱胁迫下，其生长发育、形态建成及产量形成对于干旱胁迫的反应能力。

3.2

高渗溶液法　hypertonic solution method

将细胞或生物体浸入聚乙二醇6000等溶液，使细胞水分渗出造成干旱胁迫，检测生物体抗旱性的方法。

3.3

发芽率　germination percentage

在规定的条件和时间内长成的正常幼苗数占供检种子数的百分率。

3.4

相对发芽率　relative germination percentage

同一品种干旱处理的发芽率与对照处理的发芽率的百分比。

3.5

抗旱校正品种　adjusting variety of drought resistance

用于校正非同批待测材料抗旱性鉴定结果的标准品种。

3.6

抗旱指数　drought resistance index

以籽棉产量为依据，以对照品种作为比较标准，判定待测材料抗旱性的指标。

4　抗旱性鉴定方法

4.1　种子萌发期抗旱性鉴定

4.1.1　鉴定原理

种子萌发期抗旱性鉴定采用高渗溶液法。即用15%的聚乙二醇6000水溶液对种子进行水分胁迫处理，以去离子水作为对照。沙床培养12 d，以相对发芽率表示棉花抗旱性。

4.1.2　试验设备

4.1.2.1　发芽箱

光照强度≥1 200 lx，控温范围10 ℃～40 ℃。

4.1.2.2　发芽盒

透明塑料盒，长×宽×高约为14 cm×19 cm×5 cm，盖高8 cm。

4.1.2.3　发芽床

沙床使用的沙粒应大小均匀，沙粒直径为0.05 mm～0.80 mm，并进行130 ℃～170 ℃烘干2 h消毒。

4.1.3　样品准备

将待测材料种子样品按照GB/T 3543.3的规定分取净种子，种子质量应符合GB 4407.1的要求，从充分混合的净种子中，随机数取籽粒饱满的棉籽400粒，每个重复100粒，共4次重复。

4.1.4　胁迫溶液配制

将150 g聚乙二醇6000溶解在1 000 mL无离子水中，配成15%聚乙二醇6000高渗溶液。

4.1.5　胁迫培养

按照GB/T 3543.4的规定进行发芽试验。胁迫培养的沙床每100 g干沙加入15%聚乙二醇6000水溶液20 mL，搅拌均匀，取适量放入发芽盒铺平（厚度1.5 cm）。将4个重复的供试种子分别均匀地摆放于铺平的沙床，用平底器皿镇平种子，使其一半埋入沙中，其上再盖一层厚

1 cm 的湿沙，铺平抹匀，加发芽盒盖后置入 30℃的光照培养箱内，待子叶露出沙面后开始每天进行 8 h 的光照。

4.1.6 对照培养

对照沙床每 100 g 干沙加入无离子水 20 mL，其余按 4.1.5 的规定执行。

4.1.7 性状调查

置床培养 12 d，调查发芽种子数。对照的初次计数天数为 4 d，末次计数天数为 12 d，每次计数时统计正常幼苗数，按照 GB/T 3543.4 的规定确定正常幼苗，统计结束时拔出正常幼苗。胁迫培养可于第 12 d 一次计数。

4.1.8 相对发芽率

按式（1）计算相对发芽率（GI）。

$$GI = \frac{G_{DS}}{G_{CK}} \times 100 \quad \cdots\cdots\cdots\cdots (1)$$

式中：

GI ——相对发芽率，单位为百分号（%），结果保留 1 位小数；

G_{DS} ——干旱胁迫处理下 4 个重复的平均发芽率，单位为百分号（%）；

G_{CK} ——对照处理下 4 个重复的平均发芽率，单位为百分号（%）。

4.2 苗期抗旱性鉴定

4.2.1 鉴定原理

将供试材料播种于旱棚内，3 次重复，从 3 叶期开始干旱胁迫，当土壤含水量降低到 3%时，停止胁迫进行复水，反复 3 次，第 3 次浇水 7 d 后调查存活的苗数，以相对存活率评价棉花的抗旱性。

4.2.2 试验准备

加装移动式防雨棚的封底水泥池，以池长 16 m～20 m、内宽 1.8 m～2.0 m、深 0.25 m～0.30 m 为宜，池内铺 0.25 m 厚的无菌沙壤土或当地有代表性的棉田土。

4.2.3 试验设计

各供试品种随机排列，每 10 行设一个对照种子行，3 次重复。行距 15 cm，株距 6 cm～8 cm，行长 100 cm。

4.2.4 播种温度

5 cm 地温稳定通过 12 ℃时播种。

4.2.5 播种

播种前浇水，使土壤含水量达到田间持水量的 70%～80%，棉种用

55 ℃～60 ℃的温水浸泡 30 min。

4.2.6 定苗并计数

当棉苗生长至 2 片～3 片真叶时定苗并计数，定苗后每行有效苗不应少于 10 株。

4.2.7 干旱胁迫-复水处理

定苗后开始进行干旱胁迫处理。当土壤含水量降低到3% 时，浇水至有明显积水为止，使棉苗恢复正常生长。第一次复水后即停止供水，进行第二次干旱胁迫，当土壤含水量再次降低到 3%时，第二次浇水至有明显积水为止，如此反复 3 次。

4.2.8 调查统计

4.2.8.1 调查

第三次浇水后 7 d，调查各供试材料的存活苗数，以生长点呈鲜绿色者为存活苗。

4.2.8.2 相对存活苗率

存活苗率按式（2）计算。

$$P = \frac{M}{N} \times 100 \qquad (2)$$

式中：

P ——存活苗率，单位为百分号（%），结果保留 1 位小数；

M——存活苗数，单位为株；

N——总苗数，单位为株。

相对存活苗率按式（3）计算。

$$LP = \frac{P_{DS} \times 0.5}{P_{CK}} \times 100 \qquad (3)$$

式中：

LP ——相对存活苗率，单位为百分号（%），结果保留 1 位小数；

P_{DS} ——待测品种存活苗率，单位为百分号（%）；

P_{CK} ——对照存活苗率，单位为百分号（%）。

4.3 全生育期抗旱性鉴定

4.3.1 试验设计

全生育期抗旱性鉴定在旱棚进行。随机排列，3 次重复，小区面积 4 m^2。

4.3.2 胁迫处理

播种前浇水，使土壤含水量达到田间持水量的 70%～80%。播种后试验地应防止自然降水进入，在蕾期和花铃期分别灌水 1 次，使 0 cm～50 cm 土层水分达到田间持水量的 70%～80%。

4.3.3 对照处理

在旱棚外邻近的试验地设置对照试验。试验地的土壤养分含量、土壤质地和土层厚度等应与旱棚一致。田间水分管理要保证棉花全生育期处于水分适宜状况，播种前土壤墒情应保证出苗，表墒不足时应适量灌水。在蕾期、盛花期和花铃期分别灌水 1 次，使 0 cm～50 cm 土层水分达到田间持水量的 70%～80%。

4.3.4 样品准备

从充分混合的净种子中，随机数取籽粒饱满的棉籽≥300 粒。

4.3.5 播种

5 cm 地温连续稳定通过 12 ℃时播种。棉种用 55 ℃～60 ℃的温水浸种 30 min。均采用等行距穴播，每穴 2 粒，行距 60 cm，株距 25 cm，播种深度 3 cm。

4.3.6 考察性状

棉花吐絮后及时采摘，测定各小区籽棉产量。

4.3.7 抗旱指数

抗旱指数按式（4）计算。

$$DRI = \frac{Y_a^2 \times Y_M}{Y_m \times Y_A^2} \tag{4}$$

式中：

DRI ——待测品种的抗旱指数，结果保留 2 位小数；

Y_a ——待测品种干旱处理下的籽棉产量，单位为千克每公顷（kg/hm^2）；

Y_M ——对照品种对照处理下的籽棉产量，单位为千克每公顷（kg/hm^2）；

Y_m ——待测品种对照处理下的籽棉产量，单位为千克每公顷（kg/hm^2）；

Y_A ——对照品种干旱处理下的籽棉产量，单位为千克每公顷（kg/hm^2）。

5 判定规则

5.1 棉花种子萌发期抗旱性判定

棉花种子萌发期抗旱性判定见表 1。

表 1　棉花种子萌发期抗旱性判定

级　别	相对发芽率,%	抗旱性分级
1	≥90.0	极强
2	75.0～89.9	强
3	50.0～74.9	中等
4	<50.0	弱

5.2　棉花苗期抗旱性判定

棉花苗期抗旱性判定见表 2。

表 2　棉花苗期抗旱性判定

级　　别	相对存活率,%	抗旱性分级
1	≥90.0	极强
2	75.0～89.9	强
3	50.0～74.9	中等
4	<50.0	弱

5.3　棉花全生育期抗旱性判定

棉花全生育期抗旱性判定见表 3。

表 3　棉花全生育期抗旱性判定

级　　别	抗旱指数,%	抗旱性分级
1	≥1.20	极强
2	1.10～1.19	强
3	0.90～1.09	中等
4	≤0.89	弱

附录 2　棉花耐渍涝性鉴定技术规程（NY/T 3567—2020）

ICS 65.020.01
B 04

中华人民共和国农业行业标准

NY/T 3567—2020

棉花耐渍涝性鉴定技术规程

Technical code of practice for identification of waterlogging tolerance in cotton

2020-03-20 发布　　2020-07-01 实施

中华人民共和国农业农村部　发布

前　言

本标准按照 GB/T 1.1—2009 给出的规则起草。

本标准由农业农村部种植业管理司提出并归口。

本标准负责起草单位：安徽省农业科学院棉花研究所、中国农业科学院棉花研究所、安徽中棉种业长江有限责任公司。

本标准参与起草单位：南京农业大学、安徽省农业技术推广总站、宇顺高科种业股份有限公司。

本标准主要起草人：郑曙峰、徐道青、刘小玲、陈敏、唐淑荣、周治国、阚画春、王维、杨代刚、黄群、周关印、朱烨倩、王发文、陆许可、马磊。

棉花耐渍涝性鉴定技术规程

1　范围

本标准规定了棉花耐渍涝性鉴定的供试样品、鉴定方法和基本规则。

本标准适用于棉花品种及种质资源的耐渍涝性鉴定。

2　规范性引用文件

下列文件对于本文件的应用是必不可少的。凡是注日期的引用文件，仅注日期的版本适用于本文件。凡是不注日期的引用文件，其最新版本（包括所有的修改单）适用于本文件。

GB/T 3543.4　农作物种子检验规程　发芽试验

GB 4407.1　经济作物种子　第1部分：纤维类

NY/T 1385—2007　棉花种子快速发芽试验方法

3　术语和定义

下列术语和定义适用于本文件。

3.1

耐渍涝性　waterlogging tolerance

作物在渍涝害胁迫下，其生长发育、形态建成、产量和品质形成对渍涝害的耐受能力。

3.2

光子　delinted seed

经脱绒并精选后的棉籽。

4　供试样品

供鉴定的棉花种子应为光子，质量应符合GB 4407.1的要求。

5　鉴定方法

5.1　室内发芽出苗期耐渍涝性鉴定

5.1.1　取样

选用精选后棉种作为供试样品。每个供试样品随机取400粒，以50

粒为 1 次重复。

5.1.2 材料准备

发芽器皿：塑料杯尺寸以底部直径 6 cm、上部直径 8 cm、深 8 cm 为宜。发芽器皿底部开直径 3 mm 左右的小孔 5 个。

纱布：数量与发芽器皿数量相同，形状尺寸与发芽器皿底部相同。

塑料盆：尺寸以长 60 cm、宽 45 cm、深 15 cm 为宜。

5.1.3 种子、材料消毒

供试棉花种子、发芽器皿、纱布用 10%过氧化氢消毒 15 min～20 min，再用蒸馏水漂洗 4 次～5 次。用细筛筛取直径 0.5 mm～2.0 mm 的细沙，清洗干净后用高压灭菌锅（103.4 kPa，121.3 ℃）灭菌 15 min～20 min。

5.1.4 装沙

将纱布放在发芽器皿底部，再在发芽器皿里装上消过毒的细沙，每个发芽器皿装沙量应基本相同，为发芽器皿容积的 2/3 处。

5.1.5 播种

在发芽器皿中播种，每个供试棉种播 400 粒。

5.1.6 淹水处理

将其中播好 200 粒种的发芽器皿摆放在平底大塑料盆中，再向大塑料盆中灌水，至水面高于塑料杯或发芽盒中沙面 1 cm 为止，并每天换水，以防止棉种腐烂影响试验结果。淹水 6 d 后，排干水分，之后按正常发芽试验要求管理。

5.1.7 对照处理

将另一份播好 200 粒种的样品按 GB/T 3543.4 的要求做发芽试验，作为对照。

5.1.8 温湿度控制

将淹水处理和对照的发芽器皿同时放置光照培养箱中，培养箱温度设为 28 ℃，湿度设为 80% RH，光照度设为 1 250 lx 的，每天光照 12 h。

5.1.9 重新试验

按 NY/T 1385—2007 中 6.8 的规定执行。

5.1.10 结果计算

每个重复以 50 粒计，其余按 NY/T 1385—2007 第 7 章的规定执行。

试验 15 d 调查出苗率，将供试样品 i 淹水处理种子出苗率记为 a_i，不淹水处理（对照）出苗率记为 b_i。

耐渍涝指数（x_i）按式（1）计算。

$$x_i = a_i / b_i \times 100 \quad \cdots\cdots\cdots\cdots\cdots\cdots\cdots\cdots\cdots (1)$$

式中：

x_i——供试样品 i 的耐渍涝指数，单位为百分号（%）；

a_i——供试样品 i 淹水处理的出苗率，单位为百分号（%）；

b_i——供试样品 i 不淹水处理的出苗率，单位为百分号（%）。

5.1.11 鉴定标准

以耐渍涝指数评价棉花发芽出苗期耐渍涝性，分级见表 1。

表 1　棉花室内发芽出苗期耐渍涝性分级

级　别	耐渍涝指数 (x),%	耐渍涝性
Ⅰ	$x \geqslant 50.0$	高耐渍涝
Ⅱ	$30.0 \leqslant x < 50.0$	耐渍涝
Ⅲ	$10.0 \leqslant x < 30.0$	低耐渍涝
Ⅳ	$x < 10.0$	不耐渍涝

5.2 田间盛蕾期耐渍涝性鉴定

5.2.1 试验地选择

在渍涝易发地区随机选取棉麦或棉油接茬种植的棉田，肥力中等，地力均匀。

5.2.2 试验池开挖

在试验地中至少开挖 2 个试验池，四周池埂高于厢面 30 cm 以上，并确保进行淹水处理时四周不渗水、不漏水，不进行淹水处理时灌排水通畅。

5.2.3 试验处理

各个供试样品在 2 个试验池中均种 3 次重复，每个重复密度相同且不少于 15 株，随机区组排列，试验池四周种 3 行棉花作为保护行。5 月中旬直播，密度大于 37 500 株/hm^2 为宜。

在棉花盛蕾期，对其中一个试验池棉花进行淹水处理，以水面超过厢面 5 cm 为标准，淹水 10 d，淹水处理结束后，及时排出水分，按正常水分管理；另一个试验池的棉花全生育期均按正常水分管理，作为对照。

5.2.4 试验管理

除淹水处理外，其他管理同当地棉花大田生产。

5.2.5 结果计算

在棉花吐絮后及时采摘，统计各小区产量。

供试样品 i 淹水处理籽棉产量记为 a_i，不淹水处理（对照）籽棉产量记为 b_i。

耐渍涝指数（x_i）按式（2）计算。

$$x_i = y_i / z_i \times 100 \quad \cdots\cdots (2)$$

式中：

y_i——供试样品 i 淹水处理的籽棉产量，单位为千克每公顷（kg/hm^2）；

z_i——供试样品 i 不淹水处理的籽棉产量，单位为千克每公顷（kg/hm^2）。

5.2.6 鉴定标准

以耐渍涝指数评价棉花田间盛蕾期耐渍涝性，分级见表 2。

表 2　棉花田间盛蕾期耐渍涝性分级

级　　别	耐渍涝指数（x），%	耐渍涝性
Ⅰ	$x \geqslant 65.0$	高耐渍涝
Ⅱ	$55.0 \leqslant x < 65.0$	耐渍涝
Ⅲ	$45.0 \leqslant x < 55.0$	低耐渍涝
Ⅳ	$x < 45.0$	不耐渍涝

6 基本规则

根据试验条件，鉴定大批量样品时，宜采用室内发芽出苗期鉴定；鉴定小批量样品时，可采用室内发芽出苗期鉴定和田间盛蕾期鉴定相结合，以田间盛蕾期鉴定结果为准。

附录 3 棉花耐盐性鉴定技术规程 (NY/T 3535—2020)

ICS 65.020.01
B 04

中华人民共和国农业行业标准

NY/T 3535—2020

棉花耐盐性鉴定技术规程

Technical code of practice for identification of salt tolerance in cotton

2020-03-20 发布 2020-07-01 实施

中华人民共和国农业农村部 发布

前 言

本标准按照 GB/T 1.1—2009 给出的规则起草。

本标准由农业农村部种植业管理司提出并归口。

本标准主持起草单位：中国农业科学院棉花研究所、安徽中棉种业长江有限责任公司。

本标准参与起草单位：新疆农业科学院经济作物研究所、河南省种子管理站、新疆维吾尔自治区种子管理总站、安徽省农业科学院棉花研究所。

本标准主要起草人：王延琴、陆许可、匡猛、马磊、王俊娟、金云倩、王俊铎、周大云、方丹、徐双娇、唐淑荣、王爽、荣梦杰、张文玲、高翔、蔡忠民、黄龙雨、吴玉珍、周关印、郑巨云、梁亚军、龚照龙、徐道青、刘小玲。

棉花耐盐性鉴定技术规程

1　范围

本标准规定了棉花耐盐性鉴定方法及判定规则。

本标准适用于棉花品种及种质资源的耐盐性鉴定。

2　规范性引用文件

下列文件对于本文件的应用是必不可少的。凡是注日期的引用文件，仅注日期的版本适用于本文件。凡是不注日期的引用文件，其最新版本（包括所有的修改单）适用于本文件。

GB 4407.1　经济作物种子　第1部分：纤维类

GB/T 3543.3　农作物种子检验规程　净度分析

GB/T 3543.4　农作物种子检验规程　发芽试验

3　术语和定义

下列术语和定义适用于本文件。

3.1

耐盐性　salt tolerance

作物在盐胁迫下，其生长发育、形态建成及产量形成对于盐害的耐受能力。

3.2

发芽率　germination percentage

在规定的条件和时间内长成的正常幼苗数占供检种子数的百分率。

3.3

相对发芽率　relative germination percentage

同一品种盐胁迫处理的发芽率与对照处理的发芽率的百分比。

3.4

耐盐校正品种　adjusting variety of salt tolerance

用于校正非同批待测材料耐盐性鉴定结果的标准品种。

3.5

耐盐指数　salt tolerance index

以籽棉产量为依据，以对照品种作为比较标准，判定待测材料耐盐性的指标。

4 耐盐性鉴定方法

4.1 种子萌发期鉴定

4.1.1 鉴定原理

种子萌发期耐盐性鉴定采用 1.5%的 NaCl 水溶液对种子进行盐分胁迫处理，以去离子水作为对照。沙床培养 12 d，以相对发芽率表示棉花耐盐性。

4.1.2 试验设备

4.1.2.1 发芽箱

光照度≥1 200 lx，控温范围 10 ℃～40 ℃。

4.1.2.2 发芽盒

透明塑料盒，长×宽×高约为 14 cm×19 cm×5 cm，盖高 8 cm。

4.1.2.3 发芽床

沙床使用的沙粒应大小均匀，沙粒直径为 0.05 mm～0.80 mm，并进行 130 ℃～170 ℃烘干 2 h 消毒。

4.1.3 样品准备

将待测材料种子样品按照 GB/T 3543.3 的规定分取净种子，种子质量应符合 GB 4407.1 的要求，从充分混合的净种子中，随机数取籽粒饱满的棉籽 400 粒，每个重复 100 粒，共 4 次重复。

4.1.4 盐溶液配制

将 15 g NaCl（分析纯）均匀溶解在 1 000 mL 去离子水中，配成 1.5% NaCl 溶液。

4.1.5 胁迫培养

依据 GB/T 3543.4 进行发芽试验。胁迫培养的沙床每 100 g 干沙加入 1.5%NaCl 溶液 15 mL，pH 为 6.0～7.5，搅拌均匀，取适量放入发芽盒铺平（厚度 1.5 cm）。将 4 个重复的供试种子，分别均匀地摆布于铺平的沙床，用平底器皿镇平种子，使其一半埋入沙中，其上再盖一层厚 1 cm 的湿沙，铺平抹匀，加发芽盒盖，置入 30 ℃的光照培养箱内。待子叶露出沙面后开始进行每天 8 h 的光照。

4.1.6 对照培养

对照沙床每 100 g 干沙加入去离子水 15 mL，其余按 4.1.5 的规定执行。

4.1.7 性状调查

置床培养 12 d，调查发芽种子数。对照的初次计数天数为 4 d，末次计数天数为 12 d，每次计数时统计正常幼苗数，按照 GB/T 3543.4 的规定确定正常幼苗，统计结束时拔出正常幼苗。胁迫培养可于第 12 d 一次计数。

4.1.8　种子相对发芽率

相对发芽率按式（1）计算。

$$GI = \frac{G_{DS}}{G_{CK}} \times 100 \quad \cdots\cdots (1)$$

式中：

GI ——相对发芽率，单位为百分号（%），结果保留 1 位小数；

G_{DS} ——盐胁迫处理下 4 个重复的平均发芽率，单位为百分号（%）；

G_{CK} ——对照处理下 4 个重复的平均发芽率，单位为百分号（%）。

4.2　苗期耐盐性鉴定

4.2.1　鉴定原理

苗期耐盐性鉴定采用浓度 0.4% NaCl 盐分胁迫法。将供试材料播种于盐池内，3 次重复，从 3 叶期进行盐分胁迫，施盐 7 d 后调查存活的苗数，以相对存活率评价棉花的耐盐性。

4.2.2　试验准备

加装移动式防雨棚的封底水泥池，以池长 16 m～20 m、内宽 1.8 m～2.0 m、深 0.25 m～0.30 m 为宜。池内铺 0.25 m 厚的无菌沙壤土或当地有代表性的棉田土。原始土壤的 NaCl 含量≤0.1%，并均匀一致。

4.2.3　试验设计

各供试品种随机排列，每 10 行设一个对照种子行，3 次重复。行距 15 cm，株距 6 cm～8 cm，行长 100 cm。

4.2.4　播种温度

5 cm 地温稳定通过 12 ℃时播种。

4.2.5　播种

播种前浇水，使土壤含水量达到田间持水量的 70%～80%，棉种用 55 ℃～60 ℃的温水浸种 30 min。

4.2.6　定苗并计数

当棉生长至 2 片～3 片真叶时定苗并计数，定苗后每行有效苗不应少于 10 株。

4.2.7　施盐

测定土壤基础 NaCl 含量，计算需要增加的 NaCl 的量，逐行定量增施 NaCl，用喷壶浇水，使 NaCl 缓慢溶解在土壤中，使土壤最终 NaCl 含量达到0.4%。

4.2.8 调查统计

4.2.8.1 调查

施盐后7 d，调查各供试材料的成活苗数，以生长点呈鲜绿色者为存活苗。

4.2.8.2 相对存活苗率

存活苗率按式（2）计算。

$$P = \frac{M}{N} \times 100 \quad \cdots\cdots (2)$$

式中：

P ——存活苗率，单位为百分号（%），结果保留1位小数；

M——存活苗数，单位为株；

N——总苗数，单位为株。

相对存活苗率按式（3）计算。

$$LP = \frac{P_{DS} \times 0.5}{P_{CK}} \times 100 \quad \cdots\cdots (3)$$

式中：

LP ——相对存活苗率，单位为百分号（%），结果保留1位小数；

P_{DS} ——待测品种存活苗率，单位为百分号（%）；

P_{CK} ——校正品种存活苗率，单位为百分号（%）。

4.3 全生育期耐盐性鉴定

4.3.1 试验设计

全生育期耐盐性鉴定在加装移动式防雨棚的盐池进行。随机排列，3次重复，小区面积4 m^2。

4.3.2 胁迫处理

胁迫盐池内填入混合均匀的NaCl含量0.4%的盐碱土。

4.3.3 对照处理

对照池内填入NaCl含量≤0.1%的土壤。

4.3.4 样品准备

从充分混合的净种子中，随机数取籽粒饱满的棉籽≥300粒。

4.3.5 盐池的水分调控

播种前浇水，使土壤含水量达到田间持水量的70%～80%，处理期间根据日蒸发量的大小，喷施一定量的淡水，使盐碱土壤含水量保持恒定。

4.3.6　播种和管理

分盐池处理和对照处理，棉种用 55 ℃～60 ℃的温水浸种 30 min。均采用等行距穴播，每穴 2 粒，行距 50 cm，株距 25 cm，播种深度 3 cm。每品种播种 5 行，行长 2 m，池边 2 行为保护行。田间管理同大田生产。

4.3.7　考察性状

棉花吐絮后及时采摘，测定各小区籽棉产量。

4.3.8　耐盐指数

耐盐指数按式（4）计算。

$$DRI = \frac{Y_a^2 \times Y_M}{Y_m \times Y_A^2} \quad \cdots\cdots\cdots\cdots (4)$$

式中：

DRI ——待测品种的耐盐指数，结果保留 2 位小数；

Y_a ——待测品种盐胁迫处理下的籽棉产量，单位为千克每公顷（kg/hm^2）；

Y_M ——对照品种对照处理下的籽棉产量，单位为千克每公顷（kg/hm^2）；

Y_m ——待测品种对照处理下的籽棉产量，单位为千克每公顷（kg/hm^2）；

Y_A ——对照品种盐胁迫处理下的籽棉产量，单位为千克每公顷（kg/hm^2）。

5　耐盐性判定规则

5.1　棉花种子萌发期耐盐性判定

棉花种子萌发期耐盐性判定见表 1。

表 1　棉花种子萌发期耐盐性判定

级　　别	相对发芽率，%	耐盐性分级
1	≥90.0	极强
2	75.0～89.9	强
3	50.0～74.9	中等
4	<50.0	弱

5.2　棉花苗期耐盐性判定

棉花苗期耐盐性判定见表 2。

表2　棉花苗期耐盐性判定

级　别	相对存活率,%	耐盐性分级
1	≥90.0	极强
2	75.0～89.9	强
3	50.0～74.9	中等
4	<50.0	弱

5.3　棉花全生育期耐盐性判定

棉花全生育期耐盐性判定见表3。

表3　棉花全生育期耐盐性判定

级　别	耐盐指数,%	耐盐性分级
1	≥1.20	极强
2	1.10～1.19	强
3	0.90～1.09	中等
4	≤0.89	弱

附录 4　棉花耐冷性和耐热性鉴定技术规程（DB34/T 3926—2021）

ICS 65.020
CCS B 04

DB34

安　徽　省　地　方　标　准

DB34/T 3926—2021

棉花耐冷性和耐热性鉴定技术规程

Technical code of practice for identification of
cold injury tolerance and heat injury tolerance in cotton

2021-06-08 发布　　2021-07-08 实施

安徽省市场监督管理局　发布

前　　言

本文件按照 GB/T 1.1—2020《标准化工作导则　第 1 部分：标准化文件的结构和起草规则》的规定起草。

请注意本文件的某些内容可能涉及专利。本文件的发布机构不承担识别专利的责任。

本文件由安徽省农业科学院棉花研究所提出。

本文件由安徽省农业农村厅归口。

本文件起草单位：安徽省农业科学院棉花研究所、中国农业科学院棉花研究所、新疆农业科学院经济作物研究所、中棉种业科技股份有限公司、阜阳市农业技术推广中心、潜山市梅城镇农业技术推广站、宇顺高科种业股份有限公司、东至县农业技术推广中心、东至县官港镇农业技术推广站、望江县农业技术推广中心。

本文件主要起草人：阚画春、郑曙峰、王延琴、杜雄明、田立文、徐道青、王维、贾银华、刘小玲、陈敏、李淑英、杨代刚、周关印、陈杰来、李雪松、荆燕、王发文、王优旭、郭志雄、曹长结、王新民。

棉花耐冷性和耐热性鉴定技术规程

1　范围

本文件规定了棉花耐冷性和棉花耐热性鉴定的鉴定样品、耐冷性鉴定、耐热性鉴定和结果判定。

本文件适用于陆地棉播种发芽期的耐低温冷害性能和盛花期的耐高温热害性能鉴定。

2　规范性引用文件

下列文件中的内容通过文中的规范性引用而构成本文件必不可少的条款。其中，注日期的引用文件，仅该日期对应的版本适用于本文件；不注日期的引用文件，其最新版本（包括所有的修改单）适用于本文件。

GB/T 3543.3　农作物种子检验规程　净度分析

GB/T 3543.4　农作物种子检验规程　发芽试验

GB 4407.1　经济作物种子　第一部分：纤维类

3　术语和定义

下列术语和定义适用于本文件。

3.1

相对发芽率　relative germination percentage

同一品种低温胁迫处理的发芽率与对照处理的发芽率的百分比。

3.2

铃脱比　the ratio of bolls number and the number of shedding of squares or flowers or bolls

棉花在花铃期的一段时间内成铃数与脱落果节数的比率。

4　鉴定样品

用于鉴定的棉花种子应为光子，质量应符合 GB 4407.1 的规定。

5　耐冷性鉴定

5.1　鉴定设备

5.1.1　光照培养箱

光照度≥1 200 lx，控温范围 0 ℃～40 ℃，变幅不超过±1 ℃。

5.1.2 发芽盒

用透明塑料发芽盒，长×宽×高宜为 14 cm×19 cm×5 cm，盒盖高 8 cm。

5.2 样品准备

按照 GB/T 3543.3 的规定，从待鉴定的样品中随机数取 800 粒，每个重复 100 粒，共 8 个重复，其中低温胁迫处理设 4 个重复，对照处理设 4 个重复。按 GB/T 3543.4 的规定，将样品置入发芽盒培养沙床中，待处理。

5.3 低温胁迫处理

将低温胁迫处理的样品置于温度设置为 12 ℃、相对湿度为 60%、光照为 8 h 的光照培养箱内进行胁迫处理 12 d。除温度和培养天数外，其余按照 GB/T 3543.4 的规定执行。

5.4 对照处理

将对照处理的样品置于温度设置为 25 ℃、相对湿度为 60%、光照为 8 h 的光照培养箱内进行处理 7 d，按照 GB/T 3543.4 规定执行。

5.5 性状调查

对照处理第 7 d 调查发芽种子数（子叶平展为发芽），计算发芽率。低温胁迫处理第 12 d 调查长芽种子数和发芽种子数（芽长超过种子长度视为长芽，种子露白即视为发芽），计算长芽率（长芽数占供鉴定种子数的百分率）及发芽率。

5.6 结果计算

5.6.1 相对发芽率（GI）按公式（1）计算。

$$GI = G_{DL}/G_{CK} \times 100 \quad \cdots\cdots\cdots (1)$$

式中：

GI——相对发芽率，单位为百分号（%），结果保留 1 位小数；

G_{DL}——低温胁迫处理下 4 个重复的平均发芽率，单位为百分号（%）；

G_{CK}——对照处理下 4 个重复的平均发芽率，单位为百分号（%）。

5.6.2 相对长芽率（GL）按公式（2）计算。

$$GL = G_{DC}/G_{CK} \times 100 \quad \cdots\cdots\cdots (2)$$

式中：

GL——相对长芽率，单位为百分号（%），结果保留 1 位小数；

G_{DC}——低温胁迫处理下 4 个重复的平均长芽率，单位为百分号（%）；

G_{CK}——对照处理下 4 个重复的平均发芽率，单位为百分号（%）。

6　耐热性鉴定

6.1　鉴定设施

选用自动控温控湿透明大棚，可使高温胁迫处理期间设施内气温稳定达到 40 ℃以上。

6.2　试验设计

供鉴定样品随机排列，高温胁迫处理和对照处理各 3 个重复，行距 50 cm，株距 25 cm，各重复不低于 20 株有效株。

6.3　播种

4 月下旬至 5 月初播种，播种前棉种用多菌灵拌种。

6.4　高温胁迫处理

棉花进入盛花期后，开启自动控温控湿装置，使高温胁迫处理气温稳定达到 40 ℃。15 d～20 d 后解除高温胁迫。

6.5　试验管理

试验期间，除高温胁迫处理增温外，高温胁迫处理和对照处理的其他管理一致，同当地棉花大田生产。

6.6　性状调查

在供鉴定样品的高温胁迫处理与对照处理的各个重复中分别定 10 株长势一致的植株，于高温胁迫处理开始前 1 d 和高温胁迫解除后的第 1 d 2 次同时调查 2 个处理的成铃数与脱落果节数。

6.7　结果计算

6.7.1　铃脱比（P）按公式（3）计算。

$$P=(M_T-M_O)/(N_T-N_O) \quad (3)$$

式中：

P——铃脱比，结果保留 2 位小数；

M_T——高温胁迫后的成铃数，单位为个；

M_O——高温胁迫前的成铃数，单位为个；

N_T——高温胁迫后的脱落果节数，单位为个；

N_O——高温胁迫前的脱落果节数，单位为个。

6.7.2　耐高温热害指数（R）按公式（4）计算。

$$R=P_T/P_O\times 100 \quad (4)$$

式中：

R——耐高温热害指数，单位为百分号（%），结果保留 2 位小数；

P_T——高温胁迫处理的平均铃脱比；

P_O——对照处理的平均铃脱比。

7 结果判定

7.1 棉花耐冷性判定

棉花播种发芽期的耐低温冷害性能判定见表1。

表1 棉花耐冷性判定

级　别	相对发芽率 GI（%）、长芽率 GL（%）	耐冷性分级
Ⅰ	$GI \geq 80.0$ 且 $GL \geq 40.0$	极强
Ⅱ	$80.0 > GI \geq 60.0$ 且 $GL \geq 30.0$	强
Ⅲ	$60.0 > GI \geq 40.0$ 且 $GL \geq 20.0$	中等
Ⅳ	$40.0 > GI \geq 20.0$ 且 $GL \geq 10.0$	弱
Ⅴ	$GI < 20.0$ 且 $GL < 10.0$	极弱

7.2 棉花耐热性判定

棉花盛花期的耐高温热害性能判定见表2。

表2 棉花耐热性判定

级　别	耐高温指数 R（%）	耐热性分级
Ⅰ	$R \geq 80.00$	极强
Ⅱ	$80.00 > R \geq 60.00$	强
Ⅲ	$60.00 > R \geq 40.00$	中等
Ⅳ	$40.00 > R \geq 20.00$	弱
Ⅴ	$R < 20.00$	极弱

主要参考文献

戴海芳，武辉，阿曼古丽·买买提阿力，等，2014. 不同基因型棉花苗期耐盐性分析及其鉴定指标筛选［J］. 中国农业科学，47（7）：1290-1300.

杜传莉，黄国勤，2011. 棉花主要抗旱鉴定指标研究进展［J］. 中国农学通报，27（9）：17-20.

高利英，邓永胜，韩宗福，等，2018. 黄淮棉区棉花品种种子萌发期低温耐受性评价［J］. 棉花学报，30（6）：455-463.

龚记熠，廖淑媛，徐晓蓉，等，2018. 干旱胁迫对白刺花种子萌发的影响［J］. 分子作物育种，16（12）：4072-4078.

龚双军，李国英，杨德松，等，2005. 不同棉花品种苗期抗寒性及其生理指标测定［J］. 中国棉花，32（3）：16-17.

胡启瑞，2016. 高温逆境下棉花花粉耐热性及玉米叶绿素荧光参数研究［D］. 南京：南京农业大学.

景蕊莲，胡荣海，张灿军，等，2007. 小麦抗旱性鉴定评价技术规范：GB/T 21127—2007［S］. 北京：中国标准出版社.

敬礼恒，陈光辉，刘利成，等，2014. 水稻种子萌发期的抗旱性鉴定指标研究［J］. 杂交水稻，29（3）：65-69.

阚画春，郑曙峰，王延琴，等，2021. 棉花耐冷和耐热性鉴定技术规程：DB34/T 3926—2021［S］. 合肥：安徽省市场监督管理局.

李星星，严青青，王立红，等，2017. 不同棉花品种生长特性分析及耐寒性鉴定［J］. 南京农业大学学报，40（4）：584-591.

李雪源，2013. 新疆棉花高效栽培技术［M］. 北京：金盾出版社.

李忠旺，陈玉梁，罗俊杰，等，2017. 棉花抗旱品种筛选鉴定及抗旱性综合评价方法［J］. 干旱地区农业研究，35（1）：240-247.

栗雨勤，柳斌辉，张文英，等，2010. 玉米抗旱性鉴定技术规范：DB13/T 1282—2010［S］. 石家庄：河北省质量技术监督局.

刘光辉，陈全家，吴鹏昊，等，2016. 棉花花铃期抗旱性综合评价及指标筛选［J］. 作物遗传资源学报，17（1）：53-62.

刘景辉，胡跃高，2011. 燕麦抗逆性研究［M］. 北京：中国农业出版社.

刘凯文，苏荣瑞，耿一风，等，2014. 考虑生育期需水量的荆州棉花旱涝等级划分方法［J］. 中国农业气象，35（3）：317-322.

刘鹏鹏，陈全家，曲延英，等，2014. 棉花种质资源抗旱性评价［J］. 新疆农业科学，51（11）：1961-1969.

刘庆宏，孙国清，王远，等，2015. 一种室内鉴定棉花耐盐性方法的建立及其应用[J]. 新疆农业科学，52（12）：2194-2200.
刘少卿，何守朴，米拉吉古丽，等，2013. 不同棉花种质资源耐热性鉴定［J］. 作物遗传资源学报，14（2）：214-221.
刘少卿，2011. 不同棉花种质资源耐热性鉴定及热激效益分析［D］. 安阳：中国农业科学院棉花研究所.
刘为举，许贤超，邓金武，2000. 渍涝灾害对棉花生产的影响及对策［J］. 湖北农业科学（3）：22-24.
刘小玲，徐道青，郑曙峰，等，2015. 蕾期大田淹水对不同基因型棉花生长指标的影响及其耐涝性分析［J］. 中国棉花，42（2）：12-16.
刘小玲，徐道青，郑曙峰，等，2016. 棉花的蕾期耐涝性鉴定及对淹水胁迫的响应[J]. 农学学报，6（9）：15-20.
刘雅辉，王秀萍，张国新，等，2012. 棉花苗期耐盐生理指标的筛选及综合评价［J］. 中国农学通报，28（6）：73-78.
陆光远，朱宗河，乔醒，等，2016. 油菜抗旱性鉴定技术规程：NY/T 3058—2016［S］. 北京：中国农业出版社.
潘转霞，朱永红，李朋波，等，2017. 棉花抗旱性鉴定技术规范：DB14/T 1359—2017［S］. 太原：山西省质量技术监督局.
彭振，何守朴，孙君灵，等，2014. 陆地棉苗期耐盐性的高效鉴定方法［J］. 作物学报，40（3）：476-486.
钱坤，2012. 安徽农业减灾避灾技术［M］. 合肥：安徽科学技术出版社.
单世华，张智猛，张延婷，等，2016. 花生耐盐性鉴定技术规程：NY/T 3061—2016［S］. 北京：中国农业出版社.
邵冰欣，王红梅，赵云雷，等，2016. 不同棉花品种对盐、旱胁迫的光合响应及抗逆性评价［J］. 新疆农业科学，53（9）：1569-1579.
史俊东，李新民，辛永红，等，2014. 低温持续期与低温强度对棉花种子发芽率的影响［J］. 北京农业（21）：5-6.
宋桂成，王苗苗，陈全战，等，2015. 陆地棉花器官耐高温性的评价指标研究［J］. 棉花学报，27（6）：495-505.
宋学贞，杨国正，罗振，等，2012. 花铃期淹水对棉花生长、生理和产量的影响［J］. 中国棉花，39（9）：5-8.
隋国民，侯守贵，马兴全，2017. 北方粳稻高产优质抗逆生理基础［M］. 北京：中国农业科学技术出版社.
孙小芳，刘友良，2001. 棉花品种耐盐性鉴定指标可靠性的检验［J］. 作物学报，27（6）：794-799.
唐薇，张艳军，张冬梅，等，2017. 不同时期淹水对棉花主要养分代谢及产量的影响［J］. 中国棉花，44（7）：7-10.
陶群，张晓军，王月福，等，2014. 低温对花生种子发芽及幼苗生长的影响［J］. 花生学报，43（1）：24-27.
佟汉文，刘易科，朱展望，等，2015. 作物耐渍鉴定与评价方法的研究进展 [J]. 作物杂志（6）：10-15.
王桂峰，魏学文，贾爱琴，等，2013. 25个棉花品种的耐盐鉴定与筛选试验 [J]. 山东农业科学，45（10）：51-55.
王俊娟，2016. 棉花抗冷性鉴定及相关基因的表达研究 [D]. 安阳：中国农业科学院棉花研究所.
王俊娟，樊伟莉，叶武威，等，2015. 陆地棉耐盐性状与SSR分子标记的关联分析 [J]. 棉花学报，27（2）：118-125.
王俊娟，王德龙，阴祖军，等，2016. 陆地棉萌发至幼苗期抗冷性的鉴定 [J]. 中国农业科学，49（17）：3332-3346.
王俊娟，叶武威，樊伟莉，等，2009. 不同基因型棉花品种（系）苗期耐高温筛选试验 [J]. 现代农业科技（2）：24-26.
王林海，张艳欣，黎冬华，等，2011. 渍害胁迫对发芽期芝麻的影响及耐渍性评价方法建立 [J]. 中国油料作物学报，33（6）：588-592.
王晓森，邓忠，张文正，等，2017. 棉花不同生育期淹水历时对其生长状况和产量构成的影响 [J]. 灌溉排水学报，36（7）：1-6.
王秀萍，张国新，鲁雪林，等，2010. 棉花耐盐性鉴定评价技术规范：DB13/T 1339—2010 [S]. 石家庄：河北省质量技术监督局.
王秀萍，张国新，鲁雪林，等，2011. 棉花苗期耐盐性鉴定方法和鉴定指标研究 [J]. 河北农业科学，15（3）：8-11.
王延琴，陆许可，匡猛，等，2020. 棉花耐盐性鉴定技术规程：NY/T 3535—2020 [S]. 北京：中国农业出版社.
王延琴，陆许可，马磊，等，2020. 棉花抗旱性鉴定技术规程：NY/T 3534—2020 [S]. 北京：中国农业出版社.
王延琴，杨伟华，许红霞，等，2009. 水分胁迫对棉花种子萌发的影响 [J]. 棉花学报，21（1）：73-76.
王赞，李源，吴欣明，等，2008. PEG渗透胁迫下鸭茅种子萌发特性及抗旱性鉴定 [J]. 中国草地学报，30（1）：50-55.
魏湜，2011. 作物逆境与调控 [M]. 北京：中国农业出版社.
吴文超，曲延英，高文伟，等，2016. 不同棉花品种对盐、旱胁迫的光合响应及抗逆性评价 [J]. 新疆农业科学，53（9）：1569-1579.
武辉，侯丽丽，周艳飞，等，2012. 不同棉花基因型幼苗耐寒性分析及其鉴定指标筛选 [J]. 中国农业科学，45（9）：1703-1713.
武维华，2008. 植物生理学 [M]. 北京：科学出版社.
徐田军，吕天放，赵久然，等，2017. 玉米萌发幼苗期的抗旱性鉴定评价 [J]. 中国种业（4）.
许红霞，杨伟华，王延琴，等，2007. 棉花种子快速发芽试验方法：NY/T 1385—

2007 [S]. 北京：中国农业出版社.
许晶，曾柳，徐明月，等，2014. 油菜耐渍性种质资源筛选与评价 [J]. 中国油料作物学报，36 (6)：748-754.
叶武威，2021. 棉花逆境分子生物学 [M]. 北京：光明日报出版社.
叶武威，张丽娜，宋丽艳，等，2012. 棉花抗逆种质鉴定及其研究 [C]. 中国棉花学会 2012 年年会暨第八次代表大会论文汇编.
张国伟，路海玲，张雷，等，2011. 棉花萌发期和苗期耐盐性评价及耐盐指标筛选 [J]. 应用生态学报，22 (8)：2045-2053.
张培通，徐立华，杨长琴，等，2008. 涝渍对棉花产量及其构成的影响 [J]. 江苏农业学报，24 (6)：785-791.
张文英，朱建强，欧光华，等，2001. 花铃期涝渍胁迫对棉花农艺性状、经济性状的影响 [J]. 中国棉花，28 (9)：14-16.
张阳，李瑞莲，周仲华，等，2013. 涝渍胁迫对棉花蕾期生理生化响应的研究 [C]. 中国棉花学会 2013 年年会论文汇编.
张玉良，1983. 我国农作物品种抗逆性鉴定现状与展望 [J]. 作物品种资源 (3)：8-11.
赵青春，叶翠玉，邱丽娟，等，2010. 大豆品种抗旱性鉴定方法及评价：DB11/T 720—2010 [S]. 北京：北京市质量技术监督局.
郑曙峰，田立文，代建龙，2021. 棉花绿色化机械化栽培技术图解 [M]. 合肥：安徽新华电子音像出版社.
郑曙峰，徐道青，刘小玲，等，2020. 棉花耐渍涝性鉴定技术规程：NY/T 3567—2020 [S]. 北京：中国农业出版社.
郑曙峰，2021. 棉花绿色轻简高效栽培技术 [M]. 合肥：安徽科学技术出版社.
中国农学会遗传资源学会，中国农业科学院作物品种资源研究所，1989. 作物抗逆性鉴定的原理与技术 [M]. 北京：北京农业大学出版社.
中国农业科学院棉花研究所，2019. 中国棉花栽培学（2019 版）[M]. 上海：上海科学技术出版社.
中国农业科学院棉花研究所，1996. 棉花抗逆性及抗病虫鉴定技术 [M]. 北京：中国农业科学技术出版社.
周忠丽，杜雄明，孙君灵，等，2013. 农作物种质资源鉴定评价技术规范 棉花：NY/T 2323—2013 [S]. 北京：中国农业出版社.
朱德峰，汤金仪，张玉屏，等，2016. 水稻高温热害鉴定与分级：NY/T 2915—2016 [S]. 北京：中国农业出版社.
邹鹏飞，原保忠，胡晓东，等，2017. 蕾期涝渍胁迫对盆栽棉花生长和产量特性的影响 [J]. 灌溉排水学报，36 (9)：7-12.
邹锡玲，赵永国，程勇，等，2016. 油菜耐渍性鉴定技术规程：NY/T 3067—2016 [S]. 北京：中国农业出版社.
Levitt J，1980. Responses of plants to environmental stress [M]. 2nd. New York：Academic Press.

图书在版编目（CIP）数据

棉花抗逆性鉴定技术与标准 / 郑曙峰等著．—北京：中国农业出版社，2023.1

ISBN 978-7-109-30399-7

Ⅰ.①棉… Ⅱ.①郑… Ⅲ.①棉花—抗性—研究 Ⅳ.①S562.034

中国国家版本馆 CIP 数据核字（2023）第 020447 号

中国农业出版社出版

地址：北京市朝阳区麦子店街 18 号楼

邮编：100125

责任编辑：冀 刚

版式设计：王 晨 责任校对：吴丽婷

印刷：北京中兴印刷有限公司

版次：2023 年 1 月第 1 版

印次：2023 年 1 月北京第 1 次印刷

发行：新华书店北京发行所

开本：700mm×1000mm 1/16

印张：9.25

字数：170 千字

定价：48.00 元